石羊河流域景观格局变化及生态安全构建研究

乔蕻强　著

中国农业出版社

北京

图书在版编目（CIP）数据

石羊河流域景观格局变化及生态安全构建研究／乔
蕻强著. —北京：中国农业出版社，2022.12
ISBN 978-7-109-30472-7

Ⅰ.①石… Ⅱ.①乔… Ⅲ.①流域－景观生态环境－
研究－甘肃 Ⅳ.①X322.42

中国国家版本馆 CIP 数据核字（2023）第 035906 号

石羊河流域景观格局变化及生态安全构建研究
SHIYANGHE LIUYU JINGGUAN GEJU BIANHUA JI SHENGTAI ANQUAN GOUJIAN YA JIU

中国农业出版社出版
地址：北京市朝阳区麦子店街 18 号楼
邮编：100125
责任编辑：王秀田
责任校对：张雯婷
印刷：三河市国英印务有限公司
版次：2022 年 12 月第 1 版
印次：2022 年 12 月河北第 1 次印刷
发行：新华书店北京发行所
开本：700mm×1000mm 1/16
印张：8.25
字数：150 千字
定价：68.00 元

摘　要

　　祁连山在西北生态安全建设中有着不可替代的作用，是西部乃至全国重要的生态安全屏障，而利用景观生态学对源于祁连山的石羊河流域的生态环境变化、未来年份的发展方向，以及对生态安全调控全面、系统的研究较缺乏，目前尚未见到有借鉴意义的文献。因此，本书在分析景观格局的基础上，采用 CA-Markov 模型、P-S-R 模型和最小累积阻力模型（MCR）等研究方法，厘清石羊河流域 1988—2016 年景观格局变化的特征、驱动因子，并对未来景观生态模拟状况进行研究，在此基础上优化和构建石羊河流域生态安全格局。研究结果表明：

　　（1）针对观格局的数量、结构和形态变化的分析显示，1988—2016年石羊河流域景观破碎化现象明显，各景观组分空间分布不均、斑块几何形状复杂、空间异质化程度低。针对景观速度变化、空间变化和结构变化的研究发现，1988—2016 年石羊河流域低生态价值景观组分增加面积大、速度快，占用部分高生态价值景观用地，而且低生态价值景观组分重心朝南迁移，增加了对南部水源涵养区的影响，但是下游治沙防沙工程中林草地种植取得了一定的成效。针对景观组分驱动因素的分析显示，不同景观组分在 1988—2004 年和 2004—2016 年受不同的影响因子驱动，但也存在驱动因素一致性，整体来说研究期内自然因素和人口状况是景观变化的普遍驱动因素。

　　（2）在景观组分驱动下，石羊河流域 2022 年、2028 年景观生态模拟中的耕地、林地、草地、水体、沙地面积较 2016 年逐年增加，而建设用地、冰川及永久积雪用地、未利用地面积则逐年减少，表明大多数高生态价值景观组分面积增加，部分低生态价值景观组分减少。对未来景观格局预测显示，2022 年、2028 年比 1988—2016 年景观破碎化程度有所降低，空间分布由分散趋向于集中，空间分布紧密程度增强，景观组分分布向优势景观集聚。

（3）景观生态评价显示，1988—2028 年石羊河流域的景观生态安全综合指数较低，生态安全指数提升潜力大。其中 1988—2016 年景观生态安全等级经历了敏感—风险—敏感三个阶段，但大多数年份生态安全等级处于敏感阶段。经预测的 2017—2028 年景观生态安全综合指数逐年上升，生态安全等级从 2017 年的敏感状态趋于 2022 年、2028 年的一般状态，较 1988—2016 年的生态安全等级有一定的提升，生态环境有所好转，但是生态环境的严峻性没有根本改变。

（4）景观安全格局优化和构建方面，1988—2016 年石羊河流域的景观安全水平以中安全水平为主，占流域总面积的 60%，而低安全水平面积先增后减，占流域总面积的 30% 左右，表明优化后大部分景观用地分布科学合理，更有利于景观用地生态功能的发挥。进一步提升生态质量方面：高安全水平用地继续扩大高生态价值景观建设，优化生态屏障建设和保护模式；中安全水平用地则进一步协调人类与自然环境的关系，引导土地利用向规模化发展，健全全流域自然资源生态补偿机制；低安全水平用地通过建立健全自然保护区，对区域实行最严格的空间管制策略以及生态移民政策。

目　录

摘要

第1章　绪论 ……………………………………………………………… 1

　1.1　研究背景及意义 …………………………………………………… 1

　　1.1.1　研究背景 ……………………………………………………… 1

　　1.1.2　研究意义 ……………………………………………………… 2

　1.2　研究进展 ……………………………………………………………… 4

　　1.2.1　景观格局研究现状及进展 …………………………………… 4

　　1.2.2　景观生态安全评价研究现状及进展 ………………………… 6

　　1.2.3　景观生态安全构建研究现状及进展 ………………………… 7

　　1.2.4　石羊河流域景观生态研究现状及进展 ……………………… 8

　1.3　拟解决的关键问题 …………………………………………………… 9

　1.4　研究方案 ……………………………………………………………… 10

　　1.4.1　研究目标 ……………………………………………………… 10

　　1.4.2　研究内容 ……………………………………………………… 10

　　1.4.3　试验设计 ……………………………………………………… 12

　　1.4.4　技术路线 ……………………………………………………… 13

第2章　研究区概况及数据处理 ……………………………………… 14

　2.1　研究区概况 …………………………………………………………… 14

　　2.1.1　自然条件 ……………………………………………………… 14

2.1.2　社会经济条件 …………………………………………… 15

2.1.3　土地资源现状 …………………………………………… 15

2.1.4　生态环境问题 …………………………………………… 16

2.2　数据来源与处理 ……………………………………………… 17

2.2.1　数据来源 …………………………………………………… 17

2.2.2　影像预处理 ………………………………………………… 18

2.2.3　图像分类 …………………………………………………… 19

2.2.4　景观组分面积 ……………………………………………… 22

2.3　本章小结 ……………………………………………………… 23

第3章　石羊河流域景观格局变化及驱动力分析 …………… 24

3.1　研究方案 ……………………………………………………… 24

3.2　景观格局变化分析 …………………………………………… 24

3.2.1　数量变化 …………………………………………………… 25

3.2.2　结构变化 …………………………………………………… 27

3.2.3　形状变化 …………………………………………………… 28

3.3　景观格局变化特征分析 ……………………………………… 29

3.3.1　景观变化速度分析 ………………………………………… 29

3.3.2　景观变化空间分析 ………………………………………… 32

3.3.3　景观变化结构分析 ………………………………………… 36

3.4　景观组分变化驱动力分析 …………………………………… 39

3.4.1　景观组分变化驱动因子指标体系构建 …………………… 39

3.4.2　景观组分变化 Logistic 回归模型构建 ………………… 40

3.4.3　景观组分变化驱动因子回归分析结果 …………………… 41

3.5　本章小结 ……………………………………………………… 50

第4章　石羊河流域景观格局变化动态模拟与分析 ………… 52

4.1　研究方案 ……………………………………………………… 52

4.2　CA-Markov 模型 …………………………………………… 52

4.2.1　CA 模型简介 ……………………………………………… 52

4.2.2　Markov 模型简介 ………………………………………… 53

4.2.3　CA 与 Markov 模型结合的优势 ································· 54

4.2.4　CA-Markov 结合模型在 GIS 平台下的集成和实现 ····· 55

4.2.5　CA-Markov 模型模拟预测步骤 ·························· 55

4.3　适宜性划定范围 ··· 56

4.4　CA-Markov 模型的构建 ·· 57

4.4.1　模型相关参数的确定 ·· 57

4.4.2　CA-Markov 模拟精度及检验 ·· 57

4.5　石羊河流域未来景观格局模拟与分析 ······························ 58

4.5.1　模拟误差分析 ·· 58

4.5.2　未来景观结构模拟分析 ·· 58

4.5.3　景观格局分析的指标体系构建 ······································· 61

4.5.4　景观生态表征指标 ··· 63

4.5.5　模拟年份景观格局分析 ·· 66

4.5.6　各景观组分格局分析 ·· 69

4.6　本章小结 ·· 72

第 5 章　石羊河流域景观生态安全评价及预测 ·················· 74

5.1　研究方案 ·· 74

5.2　景观生态安全评价指标体系的构建 ··································· 74

5.2.1　评价指标体系构建 ··· 74

5.2.2　评价指标的标准化 ··· 77

5.2.3　评价指标因子权重确定 ·· 77

5.2.4　综合评价 ··· 78

5.2.5　石羊河流域景观生态安全度的划分 ································· 78

5.3　石羊河流域景观生态安全评价 ·· 79

5.3.1　景观生态安全综合指数值 ··· 79

5.3.2　景观生态安全评价 ··· 79

5.4　石羊河流域景观生态安全动态模拟评价 ···························· 85

5.4.1　灰色预测模型 ·· 85

5.4.2　预测模型精度检验 ··· 88

5.4.3　景观生态安全动态模拟评价 ·· 89

5.5　本章小结 ·· 90

第 6 章　基于 MCR 模型的景观生态安全格局优化 ············ 92

6.1　研究方案 ·· 92

6.2　景观生态安全格局（SP）理论 ·· 92

6.3　最小累积阻力模型 ·· 93

6.4　"源"与石羊河流域景观要素阻力因子确定 ······················ 94

6.4.1　石羊河流域"源"地 ·· 94

6.4.2　石羊河流域景观要素阻力面评价体系构建 ··················· 95

6.4.3　石羊河流域单因子阻力表面构建 ·································· 96

6.5　基于最小累积阻力模型的景观安全格局动态变化分析 ······· 97

6.5.1　石羊河流域景观安全格局构建 ·································· 97

6.5.2　石羊河流域景观安全格局动态变化分析 ··················· 97

6.5.3　景观安全格局空间分布及分区调控 ·························· 99

6.6　本章小结 ·· 102

第 7 章　结论与讨论 ··· 103

7.1　讨论 ·· 103

7.2　结论 ·· 105

7.2.1　石羊河流域景观格局变化及驱动力研究 ··················· 105

7.2.2　石羊河流域景观变化动态模拟与分析研究 ················ 105

7.2.3　石羊河流域景观生态安全评价与预测研究 ················ 106

7.2.4　石羊河流域景观生态安全构建与优化研究 ················ 107

7.3　创新点及研究展望 ··· 107

参考文献 ·· 109

第1章 绪 论

1.1 研究背景及意义

1.1.1 研究背景

（1）构筑国家生态安全屏障是实现生态文明战略的着力点

2011年国务院印发的《全国主体功能区规划》中，国家重点生态功能区的组分和发展方向划定祁连山冰川与水源涵养生态功能区是维系甘肃河西走廊及内蒙古西部绿洲农业的水源涵养区。《甘肃省建设国家生态安全屏障综合试验区"十三五"实施意见的通知》划定了"四屏一廊"布局，其中河西内陆河流域的生态安全屏障区域都是发源于祁连山的疏勒河、黑河及石羊河流域，是我国"两屏三带"青藏高原生态屏障和北方防沙带的关键区域，也是西北草原荒漠化防治的核心区，主要缘由是祁连山是整个河西走廊的水源所在，生态安全的命脉所在[1-2]。实施祁连山生态屏障建设，对冰川及永久积雪用地、湿地、草原等自然资源进行抢救性保护，深入推进三大内陆河流域和北部防风固沙区的生态治理，构建祁连山内陆河流域生态安全屏障。同时，为探索合理的退牧机制，划定肃南县为祁连山生态补偿试验区，加大对祁连山生态系统的保护力度[3]。综上，如何构建祁连山及西北内陆河生态安全屏障区域迫在眉睫，是实现生态文明战略的着力点。

（2）石羊河流域是典型生态安全问题区域

石羊河流域生态的脆弱性引起了中共中央和甘肃省委省政府以及相关单位和社会各界人士的高度关注，多年来做了大量的保护和修复工作。2007年为了遏制生态恶化趋势，抢救下游民勤绿洲，阻止腾格里和巴丹吉林两大沙漠合围，经国务院同意，甘肃省发展和改革委员会、水利厅印发了《甘肃省石羊河流域重点治理规划》。2013年12月国务院印发了《甘肃省加快转型发展建设国家生态安全屏障综合试验区总体方案》，指出修复民勤及石羊河流域对国家生态安全屏障建设意义重大。

但是，目前石羊河流域上游水源涵养区乔木、灌木以及草地面积大幅度减

·1·

少，水源涵养能力减弱；而中游建设用地扩张和农业发展对水资源需求持续增加，水资源供应不足；下游地区沙化也在持续，造成全流域生态环境治理和恢复难度持续加大[4-5]。同时，全国第二次土地调查成果针对石羊河流域土地利用问题进行了专题汇报，即未来 5～10 年石羊河流域生态治理需压减耕地135.52 万亩*，这对石羊河流域的土地生态安全提出了更加严峻的挑战。在这种情况下，如何协调经济发展—土地利用—生态安全之间的相互关系？就需要对石羊河流域景观变化的时空特点和演绎规律予以总结，并探讨景观变化给石羊河流域生态环境带来的影响。

（3）景观研究成为解决生态安全问题的有效手段

石羊河流域生态退化是对自然景观和人文驱动非常明显的响应[6]。然而近年来各个区域出现人与自然的不和谐发展，使科学家和公众认识到对土地的利用不仅改变了地表景观结构及其物质循环和能量流动，而且这种地表景观结构的变化引起了各种生态扰动[7-8]，涉及了系统内诸如土壤、气候、水文等景观要素以及与之密切相关的生物化学循环过程、生物遗传变异过程进而影响到生物多样性和生态系统稳定性。因此，景观变化既影响着该区域整个的生态功能和边缘效应，又影响和控制景观功能的循环发展[7]，其缘由是景观格局变化可揭示景观组分结构变化引起的生态过程或结果，这也是景观格局研究的根本目的，而石羊河流域生态环境的生态功能的降低、保育功能减弱就是受此影响。基于此，越来越多的学者主张利用景观生态学，通过调整和优化景观格局改变区域物质能量流或直接作用于生态系统，进而影响区域生态安全[9-10]。

国家"一带一路"倡议中[11]，石羊河流域作为陆上丝绸之路的中转站和关键区域，以及作为祁连山内陆河生态安全屏障区域建设的重点区域，其生态环境的好坏牵扯到陆上丝绸之路能否畅通。基于此，必须处理好石羊河流域的生态环境问题，以生态文明引领"一带一路"建设，只有良好的生态环境才能发展绿色环保的优质产品和项目，才能传播我国先进的环保技术和实用理念，带动周边国家共同发展。因此，保障土地生态安全就是推动区域发展，提升我国的国际影响力。

1.1.2　研究意义

（1）有助于促进国家生态文明战略的实施

随着西部大开发的继续推进，祁连山内陆河生态安全屏障区域的建设得到

＊ 1 亩＝1/15 公顷。

了快速的发展，特别是处于"一带一路"倡议的支点[11]，为祁连山内陆河生态安全屏障区域未来发展带来了全新的机遇。但是也面临着诸多挑战，内陆河区域是全球生物多样性和生态景观保护的重要地域，作为河西走廊和西北地区生态文明的空间载体中的重要一环，其生态环境的好坏牵扯到我国的生态文明战略能否如期实现。同时，由于石羊河流域的景观组分复杂多样，包括了沙漠、绿洲、丘陵、中山和高山冰川，且流域发源和径流形成区始于祁连山国家自然保护区、防沙固沙保护区和三北防护林工程建设范围内，作为我国重要的生态屏障建设区域，其生态屏障建设是生态文明战略实现的主要抓手，对石羊河流域生态安全的研究能很好地促进生态文明战略的实现，为内陆河流域解决生态问题提供研究依据[12]。

（2）有助于提升石羊河流域景观生态安全

不同自然条件、人文背景区域其景观变化的结构、变化过程、驱动因素、未来发展趋势及生态环境效应均存在较大差异，尤其是祁连山面积绵延约2 062平方千米，更加凸显分区域、分阶段治理生态的重要性。基于此，针对生态脆弱区石羊河流域的个案研究显得很有必要。石羊河流域同一时间或不同时间的景观组分，景观中能量分配和物质循环也有差异，造成区域的生态环境问题产生的原因也有很大的差异[13]。本书通过实证具体地探讨石羊河流域的景观变化结构，以及目前的景观格局造成的生态环境问题，对进一步研究石羊河流域的生态安全问题提供了依据。因此，针对生态问题突出的石羊河流域研究生态安全有助于践行绿水青山就是金山银山的理念，对石羊河、祁连山其他区域内陆河流域生态治理具有强烈的实践指导意义。

（3）有助于实现石羊河流域可持续发展

在新时代的经济发展中，国家"一带一路"倡议的实施和甘肃省农业特色经济作物结构的重塑，给石羊河流域带来了新的发展机遇，同时，生态安全问题伴随着经济发展而出现。本书对石羊河流域生态安全现状以及未来生态状况的研究，有利于石羊河流域等内陆河流域土地生态系统的维护和土地资源的可持续发展[14-15]。同时，为石羊河流域的经济发展、祁连山生态修复以及"一带一路"丝绸之路经济带沿线发展创造了良好的环境条件，有助于国家"五位一体"新型社会的构建，进一步增加了农户的收入、实现"自然—社会—经济"全面和谐发展，有助于实现石羊河流域生态恢复、可持续发展的目标。

1.2 研究进展

1.2.1 景观格局研究现状及进展

景观格局可以直观反映土地利用结构变化引起生态变化的过程。因此，国内外许多学者从景观格局变化、演变规律、生态响应等方面进行了大量研究[16]，也充分厘清了研究区域生态环境的变化过程，为研究区域探索对策或措施提供了依据。综上，20世纪末，伴随着景观生态学的兴起，利用景观格局诠释生态问题的研究迅速展开。

（1）景观格局变化

关于景观格局的研究：Buchwald认为景观应该包括某一地表景观组分的综合变化过程[17]。Forman则解释了格局与过程之间的相互作用机理，通过景观单元的结构特征量化来进行表征，对当代景观生态学研究影响较为深远[18-19]。20世纪70年代以后，景观格局的研究方法实现了定性和定量的结合，Burrough利用分数维度对一些景观或环境现象进行计算[20]。O'Neill等利用优势度、蔓延度和分维数三种景观指数较好地描述了美国东部地区的景观变化。同时期，也有学者利用景观指数对荷兰[21]、南极浅水区[22]的景观格局进行了研究。

20世纪70年代初，国内景观生态学研究由林超等学者从国外引入，并于1989年召开了对我国景观生态学的发展具有里程碑意义的第一届景观生态学会议。1990年肖笃宁等学者首次运用景观生态学，揭示了辽河下游景观格局变化引起的生态问题[23]，引起了国内学者对景观生态学的广泛关注和研究。后来，杨国靖等借助ArcGIS、Fragstats等软件，研究了祁连山森林景观现状及其破碎化程度[24]。王让会等结合土地利用组分图和遥感影像数据，对研究区的景观格局进行了研究[25]。现在，越来越多的学者借助3S技术和现代地理信息科学技术，研究不同地域的各种土地利用组分的景观格局的变化特征，并揭示景观格局变化的生态学意义[26-28]。

（2）景观格局变化驱动力研究

①景观格局变化驱动力的研究方法。国外景观变化驱动因子的研究方法主要致力于比较分析、系统分析及半定量化尝试，如Rudel[29]、Jaimes[30]等利用地理加权回归方法对全球、墨西哥森林景观变化驱动因子进行了研究；Hayes等对2002年新墨西哥波尼尔发生火灾以后导致景观格局变化的影响因素进行了研究[31]；Navarro-Cerrillo等对西班牙某种植园在1956—1999年间

景观格局变化进行了分析[32]。

国内景观变化研究方法从定性研究转变为定性与定量相结合，利用 3S 技术和景观指数进行研究，成为目前研究的热点和焦点。如刘明等利用 3S 技术研究洞庭湖流域的景观格局动态特征及景观演变机理[33]。刘世薇认为喀什地区景观格局变化的驱动因素主要是自然干扰[34]。沃晓棠利用 3S 技术和景观生态学理论研究发现降水、径流、沟渠等是扎龙湿地景观变化的主要驱动因子[35]。许吉仁等运用 K 临近分类方法对南四湖湿地景观格局进行研究，发现主要受降水不足和水位下降驱动影响[36]。李传哲等集 3S 技术和景观生态学理论，研究发现黑河中游景观变化主要受人口增长、经济社会发展、可利用水量等因素驱动[37]。

②景观格局变化驱动力的研究内容。国外的学者总结提出了一套系统分析驱动力的框架，将驱动因子划分为自然、社会经济、政策、科技和文化因子 5 大类。如 Jose M. Garcia-Ruiz 发现地中海景观变化主要受环境和人为因素的影响。Muhammad 和 Irfansyah Lubis 研究发现自然灾害、气候变化、交通通达性和水利基础设施完善程度是 2002—2013 年印度尼西亚某省景观动态变化的主要驱动因素[38-39]。我国学者如阳文锐研究发现人口规模、城市总体规划实施、产业结构调整和城市发展政策驱动了北京市的城市景观格局变化[40]。吕金霞等研究发现京津冀地区人类活动是影响湿地景观格局变化的主要因素[41]。王冬梅等发现人口因素是影响植被覆盖度的主要驱动力[42]。于晓宇等发现自然环境、城市化进程加快和政策因素是驱动南京市城市绿地景观变化的主要因素[43]。付晖等研究发现人口、城市基础建设和政府政策是海口市城市绿地景观格局变化驱动的主要因子[44]。

（3）景观格局动态变化模拟研究

研究景观格局动态变化有助于理顺景观变化的规律，也有助于未来根据规律制定相应的景观保护调控方案。目前国内外关于景观格局动态变化模拟方法中，应用较为广泛的有 ANN 模型、CA 模型、元胞自动机的城市生长模型（SLEUTH 模型）、CLUE-S 模型、Markov 模型、灰色系统分析和 CA-Markov 模型等[45-47]。国外学者 Ward、Syphard 等采用 EDYS 模型、CA 模型对土地利用管理、景观格局动态变化情况进行了模拟预测，对后续管理方向的规划起了重要作用[46-47]。Clarke 运用 CA 模型对美国旧金山海湾地区的城市扩张情况进行了模拟，结果表明 CA 模型模拟精度高，较好地反映了湾区扩张趋势[48]。

国内景观格局动态模拟随着 3S 技术、预测模型技术的成熟，尤其是在时空演变信息的精确挖掘和景观模拟方面，逐渐得到了广泛应用。如于欢等利用

CA 模型对三江平原湿地的景观动态变化进行了模拟[49]。韩文权利用遥感技术和 Markov 模型对长白山自然保护区的景观动态变化进行了分析[50]。郭碧云运用 RS 和 GIS 技术对内蒙古农牧交错带区域近 30 年土地利用/覆被变化及景观格局空间变化进行分析，并在此基础上运用 Markov 模型预测未来 20 年土地利用变化情况[51]。黄超运用 CA-Markov 模型模拟了福州市 2014 年的景观变化状况[52]。张晓娟等借助 CA-Markov 模型对三峡库区土地利用演变进行了模拟[53]。之后的研究多将 CA-Markov 模型与 GIS、LOGISTIC、CLUE-S 模型等结合起来，研究领域拓展到医疗、轨道交通等方面，研究表明多模型相结合的模拟都取得了良好的效果，尤其对于生态脆弱区，更有助于生态保护措施的制定。然而，各个模型在运算能力、精准度等方面都存在相应的优势和不足。因此，必须借助于多模型模拟结合，尽可能地加大模拟精准度。

1.2.2 景观生态安全评价研究现状及进展

景观是地表生态变化过程的直接反映，因而从景观尺度研究人类活动对生态环境的影响更加直接客观，更能反映各要素作用下的生态变化状况。因而，从景观生态学的视角来评价生态安全成为研究的焦点和热点。20 世纪 80 年代末，国外的学者对景观生态安全的研究，主要从风险感知方面构建了"提出问题—分析问题—风险表征"的三步法，后来美国、澳大利亚和欧洲学者对三步法进行深化或者延伸，三步法也成为国内外生态安全研究首选的方法。20 世纪 90 年代，英美等发达国家采用回归分析预测法构建了城市的环境影响评价制度，结果表明城市环境主要受经济增长、人口变化及城镇规模扩大等影响。荷兰的学者构建了多组分空间的明晰化模型（Landscape Ecological Decision Evaluation Support System），对区域进行了景观生态评价[54]。

（1）景观生态安全评价研究内容

国内对景观生态安全的评价主要是从生态风险或者生态安全评价体系出发，到目前也没有统一的评价范式。目前仅有的评价区域主要针对热点地区、敏感地区、特殊地区和快速城市化地区等易发生生态风险区域[55-56]。李新琪等对艾比湖流域平原区的湿地景观进行生态安全变化及特征研究[57]。俞孔坚等运用 GIS 技术对遗产廊道进行适宜性评价，提出的景观空间异质性的相关理论逐渐成为生态安全研究的重要手段[58]。裴欢等对秦皇岛东北部低山丘陵的耕地景观的生态安全、重心演变及驱动力进行了研究[59]。游巍斌等利用空间统计法研究了武夷山旅游区的景观生态安全的空间分布特征和变异规律[60-61]。高宾构建了综合生态风险指数和景观损失度指数对研究区域的生态安全状况进行了评价[62]。孙翔等分析了厦门市的景观生态安全时空分布规律[63]。王绪高等人对特大火灾之后的大兴安岭北坡森林进行了景观生态恢复的分析评价等[64]。宋冬梅利用景观生态安全指数对石羊河下游民勤县生态安全状况进行了评价[65]。

（2）景观生态安全研究评价体系构建

关于景观生态安全评价指标构建：有的学者借助于 PSR 模型、DPSIR 模型、综合评价等模型构建评价景观生态安全指标体系，有的学者直接用景观指数的生态学意义来表征。如朱卫红等基于 PSR 模型构建了图们江流域湿地生态安全评价指标体系[66]。吴妍等利用综合指数法构建评价指标体系对太阳岛湿地景观进行了生态安全评价[67]。李雪冬运用"压力—状态—响应"模型对岩溶地区城市景观进行了评价[68]。宋晓媚对西安市都市农业景观进行指标与方法构建[69]。陈利顶等把景观分离度、景观破碎度及景观多样性作为评价指标[70]。谢花林针对城市边缘地区的乡村景观构建了综合评价模型[71]。角媛梅等运用景观空间邻接特征研究黑河流域绿洲景观生态安全[72]。李晓燕等综合景观干扰度与景观脆弱度评价了吉林西部地区生态安全动态变化[73]。肖荣波等人从景观异质性、物种多样性、绿地组分斑块特征、群落结构转化等方面对绿地景观进行了综合评价[74]。唐宏等人用斑块景观邻接度构建了绿洲区域的生态安全体系[75]。

综上，关于景观生态安全的评价目前已经实现了定性和定量相结合，然而由于区域的差异性，直接套用其他区域指标体系会对研究区域生态功能的景观动态变化缺乏说服力，有些研究则过于强调人类活动而忽略了研究区域自然灾害的易发性，从而忽视了景观格局在生态安全评价体系中的关键作用。因此，急需根据研究区域的实际情况设计生态安全评价的指标体系。在此基础上，才能准确地预测未来景观生态的变化状况。

1.2.3　景观生态安全构建研究现状及进展

20 世纪 80 年代以来，由于景观生态学的快速发展，景观格局能良好地反映生态环境的过程和结果[76]，为了修复和治理生态环境，学术界逐渐衍生了"景观生态安全""景观生态最优解""景观生态格局"等相关理论和研究方法，来构建和优化新的景观格局，提升生态环境的安全度。

（1）景观生态安全构建识别

1995 年，Forman 认为在景观优化中，应优先建设高生态价值景观改善环境，如自然保护区和水源涵养地的建设[77]。Ralf Seppelt 等针对美国南部化肥污染问题设计了土地利用空间优化配置方案[78]；David Ian Allan 等建立了小流域水资源生态优化模型[79]；Chen J. H 等探讨了如何优化土地利用结构，来提升生态安全状况[80]；Makowski 等以欧共体农业土地面临的氮流失状况为前提构建农业土地利用结构优化模型[81]。1999 年，我国学者俞孔坚提出"景观安全格局原理"[82]，通过对阻力面的识别和构建建立生态安全格局，这种方法后来被广泛应用。同时，在景观生态安全格局的识别研究区域，如干旱半干旱绿洲区[83]、农牧交错带等生态脆弱区[84]、东南沿海护坡[85]、小流域和土地整治[86-87]等方面也有学者做了大量研究。

（2）景观生态安全构建方法

关于生态安全格局优化的思想，Turner 首先提出了"必要格局原则"[88]，然后 MacArthur 和 Wilson 联合构建了"生态网络模式"，认为人类对自然环境的影响使生态斑块破碎化形成零零星星的小斑块，使斑块的边缘效应增加，也使斑块间的生态功能难以发挥，造成物种质量下降等[89]。Forman 认为景观格局的变化决定景观过程，景观过程反过来影响景观格局的变化，可以通过格局与过程的相互作用促进系统优化[90]。Seppelt 等通过优化农业景观的方式，提出了其他景观要素优化可以借鉴的方式[91]。在国内，俞孔坚[85]提出"景观生态安全格局"，认为构建和维护生态价值高的"源"地，是由对阻力面进行安全水平划分而形成的。李晖[92]、张玉虎[93]、潘竟虎[87]等在俞孔坚研究的基础上，利用最小累积阻力模型实现了对香格里拉市、妙峰山景区、内陆河等区域景观生态安全格局的构建。

可见，从景观空间布局对景观生态安全格局进行优化和构建，运用当前的主流方法最小累积阻力模型来优化景观生态安全格局是关键。

1.2.4　石羊河流域景观生态研究现状及进展

目前石羊河流域景观格局研究也取得了一些成果。如贾毅等分析了石羊河流域的景观格局时空变化状况[94]。张晓东分析了石羊河流域土地利用变化的时空特征和格局变化[95]。朱小华等讨论了石羊河景观组分之间的时空演变规律[96]。李秀梅揭示了石羊河从 1959 年以来的景观动态变化和驱动因素[97]。胡宁科借助景观格局变化对民勤绿洲进行了演变规律预测[98]。徐当会通过计算各景观要素之间的转移矩阵和景观指数来研究土地荒漠化[99]。孟凡萍选取生态承载力、景观破碎化、植被覆盖指数进行土地利用累积生态影响研究[100]。Li X Y[101]、Li Y[102]等从景观要素变化引起农业结构变化以及生态变化方面进行了探讨。潘慧利用景观格局研究了民勤生态敏感性[103]。张学斌等对石羊河流域生态风险的时空特征进行分析[104]。魏伟等研究了绿洲区景观格局、生态风险变化特征及聚集模式[105]。魏晓旭利用景观格局视角对石羊河流域景观生态风险进行分析与评价[106]。马中华选用生态影响因子对流域的生态适宜性进行评价[107]。赵旭喆对石羊河流域中游近10年来实施的生态保育政策进行定量评价[108]。魏伟利用14类景观要素研究了石羊河流域景观结构紧密性和生态功能空间分布，并提出景观格局优化方案[109-110]。刘世增等分析了石羊河中下游近20年来的荒漠化土地景观生态变化，提出了调控机制和措施[111]。兰芳芳等也提出了在石羊河流域湿地景观进行生态建设的具体措施[112]。乔蕻强利用RMM模型对石羊河流域的生态风险进行了分析，确定了风险源的大小[113]。

1.3 拟解决的关键问题

本书以提升石羊河流域的生态安全为目标，借助景观生态学理论，厘清1988—2016年间生态环境到底发生了怎样的变化，目前的生态环境到底怎样，未来又会发生怎样的变化，针对存在的生态问题进行调控和管控。为实现上述目标，本书涉及以下几个方面的关键技术问题。

①石羊河流域地处黄土、青藏、蒙新三大高原的交汇过渡地带，是我国西北重要的生态屏障建设区域，区域内既有沙地、冰川及永久积雪，又有高寒草甸、荒漠、绿洲等景观要素，是景观生态和环境丰富变化区域，造就生态变化过程复杂，也是生态环境敏感脆弱区域。随着祁连山生态事件的发生，揭示石羊河流域的多景观生态结构或功能变化势在必行。然而，目前已有的文献中鲜有全面地、系统地研究石羊河流域的生态环境变化现状及未来年份安全状况变化，无法给石羊河流域生态整治或修复、生态屏障区建设提供参考帮助。因此，在探讨生态演化的基础上构建石羊河流域的生态安全屏障，揭示生态安全区域生态演化的过程和结果，并据此制定相应提升策略是目前急需要解决的问题之一。

②石羊河流域作为西北典型的生态问题区域，是生态环境变化的风向标，其生态环境的好坏标志着内陆河流域及祁连山生态环境状况。针对当前祁连山生态环境恶化，以及祁连山国家自然保护区作为石羊河流域的发源地和径流形成区，人地关系的矛盾，本书急需根据三步法"提出问题—分析问题—解决问题"的研究思路，利用景观生态学来实证分析石羊河流域的生态环境问题。然而，目前大多数关于景观格局的研究分析仅仅局限于对其格局几何特征的描述和分析，景观格局分析往往跳不出几何特征的研究范畴，而缺乏与具体、实际问题的结合，更没有依据三步法针对景观现状、未来状况模拟，以及对现状和

未来年份模拟进行全面的、体系化的生态安全评价。因此，在上述研究的基础上，构建和优化石羊河流域生态安全是急需解决的问题之一。

③关于景观组分变化的特征、驱动机制等，当前研究没有将区域的景观特殊性对生态环境的影响体现出来，尤其是针对西北的生态脆弱区，其生态变化受景观组分变化影响尤为明显。一方面，目前相关研究只是采取定性和定量研究相结合的方式，依旧缺乏相对成熟的研究范式。另一方面，石羊河流域景观生态脆弱性明显、区域景观的单一性和多样性并存、独特性和普遍性并存，驱动石羊河流域景观格局变化的复杂生态过程的相关分析研究还很缺失，未能充分说明其生态过程和导致生态问题的原因。因此，如何利用景观生态学来研究石羊河流域的生态变化过程也是急需解决的问题之一，揭示石羊河流域及祁连山生态变化，对制定相应对策具有战略性意义。

④从针对景观格局、生态安全及优化和构建的国内外的研究文献可以看出，各种研究方法和思路各有优劣，到目前还没有统一的定论。然而，不同自然条件、人文背景区域其景观变化的结构、变化过程、驱动因素、未来发展趋势及生态环境效应均存在较大差异，即使自然条件相似的区域，由于所处的区域不同、经济发展阶段不同，其景观变化也截然不同，景观格局的生态过程也存在很大的差异。因此，针对典型区域的典型生态问题，要选择适宜生态脆弱区石羊河流域的研究体系、方法、思路也是急需解决的问题之一。

1.4 研究方案

1.4.1 研究目标

利用景观生态学来研究石羊河流域近 30 年的生态环境变化状况，提高生态环境质量、实现可持续发展，通过研究达到以下目标。

①探索 1988—2016 年石羊河流域生态环境的演变规律，以及未来 12 年所处的状态，为进一步研究祁连山及西北地区生态安全提供理论基础。

②提出以生态安全为目标的石羊河流域景观生态格局研究方法和调控方案。

③揭示石羊河流域 1988—2016 年和 2017—2028 年的景观生态安全评价状况，为我国、甘肃省制定相关生态保护政策提供理论依据。

1.4.2 研究内容

本书在景观生态学理论研究的基础上，通过遥感影像、3S 技术、GIS 空间技术等研究方法。首先，完成对石羊河流域 1988 年、1995 年、2004 年、2010 年和 2016 年 5 期景观组分信息的定量提取；其次，基于景观指数、Logistic 空间回归分析模型，分析石羊河流域 1988—2016 年景观格局变化的特征和驱动因素；再次，基于 CA-Markov 结合模型，对石羊河流域 2022 年、2028 年的景观变化进行模拟；基于 P-S-R 模型和 GM（1，1）模型，构建和评价石羊河流域景观现状和模拟年份生态安全状况；最后，基于最小累积阻力模型（MCR 模型），构建和优化石羊河流域的景观生态安全格局，进一步提升生态安全状况，真正发挥石羊河流域保护西北和全国的生态屏障建设作用，并为相关部门的决策提供理论依据。

第一，系统梳理和分析石羊河流域的自然、社会经济和土地资源状况，以及石羊河流域生态所面临的问题，为确定本书的研究目标、内容，以及拟解决的关键科学问题奠定基础。

第二，针对近 30 年来石羊河流域遥感影像解译，首先实地调查并收集相关资料，其次对 1988 年、1995 年、2004 年、2010 年和 2016 年 5 期的 TM 影像资料，通过影像数据解译等，建立石羊河流域景观组分变化数据库；最后借助地理信息系统（GIS）空间分析功能提取石羊河流域各景观组分信息，并建立石羊河流域景观生态数据库。

第三，为分析清楚石羊河流域近 30 年生态安全的变化，利用景观生态学对生态安全的现状、模拟年份进行评价和预测，并构建和优化生态安全格局。具体从以下几个方面开展：

①在景观组分划分的基础上，利用景观指数厘清石羊河流域 1988—2016 年的景观格局现状，多模型结合揭示景观变化的现状和特征，利用 Logistic 空间回归分析模型从自然和人文社会两个方面选取指标来分析 1988—2004 年、2004—2016 年两个时间段的不同景观组分变化的驱动因素，并识别影响石羊河流域景观格局变化的驱动因素。

②在景观格局变化驱动因素分析和各景观组分适宜性设定的基础上，利用 CA-Markov 模型模拟，验证 2022 年、2028 年的石羊河流域景观结构及状况，并通过相关性分析筛选 10 个景观因子来系统构建石羊河流域景观格局指标体系，揭示 1988—2028 年景观格局变化特征。

③基于 PSR 模型构建石羊河流域生态安全评价指标体系，并对石羊河流域近 30 年的景观生态安全空间状况进行评价，厘清生态安全空间分布状况及变化特征。同时，利用 GM（1，1）模型对石羊河流域动态模拟年份的景观生态安全变化状况进行预测，探索在未来一段时期石羊河流域生态安全的特点及

变化趋势。

④根据石羊河流域生态服务功能较强的景观斑块的分布状况，识别石羊河流域"源"地与阻力因子，构建单因子最小累积耗费阻力表面，并对各单因子阻力表面按照标准差划分不同景观格局水平，对石羊河流域 5 个研究时期的不同水平的景观生态安全格局进行动态变化分析和调控。

1.4.3　试验设计

本书在分析和预测石羊河流域 1988—2028 年生态环境变化的基础上，进行石羊河流域生态安全格局优化研究，试验设计主要包括以下几个方面：

（1）区域界定

以石羊河流域最新的四县九区划定范围与 1988—2016 年涉及区域的行政范围变化进行叠合分析，经统一校正后获取 1988 年、1995 年、2004 年、2010 年和 2016 年遥感影像。

（2）数据来源（前处理）

包括了遥感数据和其他数据。遥感数据从西部数据中心下载得到 5 期的TM 影像资料，通过影像预处理、图像分类和现场验证等，建立石羊河流域景观组分变化数据库。其他数据经过实地调研收集加工而成。

（3）模型选取

根据景观生态学理论反映石羊河流域生态环境变化的现状、特征，以及未来年份的生态安全状况，进行优化和设计景观格局。所涉及的软件及方法如下：

①Fragstats 软件：主要用于景观格局分析，包括景观组分的形态大小、多样性和聚集度等进行分析，阐述景观格局的特点、结构和过程[114]。

②"3S"技术：获取遥感数据，是对数据进行处理和分析的主要方法。本书将石羊河流域景观组分进行分类，利用 GIS 技术对空间地理信息进行数据预测和叠加合成。

③元胞自动机—马尔科夫链模型（CA-Markov 结合模型）：是在离散的时间维度上演化的动力系统，CA-Markov 模型在土地利用格局优化配置方面运用较多[115-116]。辅助软件为 Arcgis10.0。

④压力—状态—响应模型（PSR 模型）：通过构建压力—状态—响应指标体系来反映当前所处的生态安全状况[117]。

⑤最小累积阻力模型（MCR 模型）：是景观生态优化和构建的重要方法之一，通过识别不同景观组分的阻力值，实现生态安全格局的阻力值

构建[118-119]。

1.4.4　技术路线

本书遵循以下技术路线：查阅有关景观格局变化的文献资料，初步划定研究区域。首先，根据文献综述和基础资料的分析，系统整理相关基础资料，总结归纳景观格局变化、模拟和优化研究进展。其次，利用遥感技术对近 30 年 5 期 TM 遥感影像通过影像裁剪、几何校正、图像增强处理、组合波段优选、景观分类和精度评价等，建立石羊河流域景观组分数据库，形成景观生态数据。再次，基于 Fragstats、空间回归分析模型，分析石羊河流域 1988—2016 年景观格局演化规律和驱动力；基于 CA-Markov 结合模型，对 2022 年、2028 年石羊河流域的景观变化进行模拟；基于 P-S-R 模型，构建石羊河流域景观格局现状和模拟年份生态安全状况。最后，基于最小累积阻力模型，构建和优化景观生态安全格局，以实现研究区域现实生态保护的目的。

本书所采取的技术路线如图 1-1 所示：

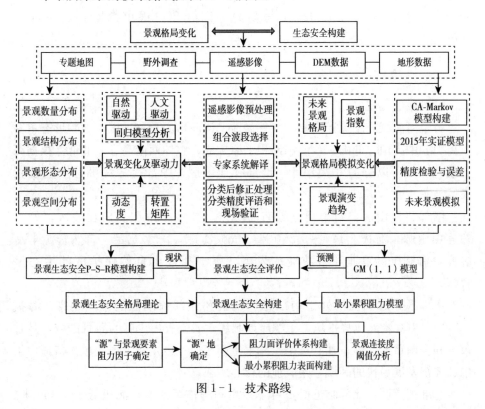

图 1-1　技术路线

第2章 研究区概况及数据处理

2.1 研究区概况

石羊河流域位于东经 101°22′—104°04′，北纬 37°07′—39°27′，地处河西地区以东、祁连山北麓，乌鞘岭以西。石羊河流域发源和径流形成区始于祁连山国家自然保护区，是甘肃省河西走廊第三大内陆河，流域总面积约为 4.16 万平方千米，全长 250 千米。石羊河流域在行政区划上包括 4 市 9 县，即金昌市全部，武威市的凉州区和民勤县全部、古浪县及天祝县的一部分，张掖市肃南裕固族自治县、山丹县的一部分和白银市景泰县的少部分地区[120]。

2.1.1 自然条件

（1）地形地貌

石羊河流域处于黄土高原、河谷盆地、河西平原承接地区。地貌形态主要由高山、中高山、低山、沙漠和冲积平原构成，整体西南高、东北低。根据高程或者海拔可以分为 3 类单元：南部祁连山区、中部平原绿洲区和北部荒漠区[121]。

南部祁连山区：石羊河流域南部属于永久性冰川和高山丘陵区，处于祁连山山脉，海拔 2 100~5 200 米，气候冷凉，降水充足，自然资源丰富多样，有利于林草业和畜牧业的发展，属于祁连山自然保护区的生态保育区。

中部平原绿洲区：处于南部祁连山区和北部荒漠区的中间地带，海拔 1 450~2 100 米，地势平坦，土壤质地肥沃，属于省内少有的灌溉区域，是甘肃省和全国重要的粮、油、瓜果、蔬菜生产基地，也是石羊河流域人口最为集中、经济发展最快的区域，是农业的核心所在。

北部荒漠区：北部临近巴丹吉林沙漠和腾格里沙漠，海拔低于 1 450 米。该区域具有荒漠化的丘陵属性，干旱少雨，日照充足，昼夜温差大，是沙生植物、名贵药材的主要产地。

（2）气候

石羊河流域处于大陆腹地，西北内陆深处，属温带大陆性气候，冬长夏短，太阳辐射强，雨季集中在 7—9 月，气候整体干燥少雨。石羊河流域气候从南向北温差大、光照长、降水少、干燥指数依次增大[122]。

（3）水资源

石羊河流域由 8 条河流组成，分别是西大河、黄羊河、东大河、金塔河、大靖河、古浪河、西营河、杂木河[123]。这些河流都发源于祁连山，而后经过武威盆地、红崖山水库进入民勤县青土湖，产流面积 1.11 万平方千米，多年平均径流量 15.60 亿立方米。石羊河流域总长 300 千米，年径流约 5.17 亿立方米[124]。

2.1.2　社会经济条件

（1）人口状况

石羊河流域 2016 年总人口达到 227 万人，其中城镇户口 90 万人，城市化率 40%，主要分布于 4 市 9 县的城镇地带和绿洲农作物种植附近区域，农业人员中有 77% 从事种植业生产，农业人口基数大[125]。

（2）经济发展

由于石羊河的灌溉，武威市成为我国有名的商品粮种植基地；金昌市是我国著名的有色金属生产基地[126]，如镍、铂、钯、钴、硒等在全国和全世界都非常有名；张掖市是我国著名的旅游城市，有著名景点丹霞地貌、大佛寺和皇城草原等，每年吸引大批的游客前去观赏，上述 3 座城市造就了河西走廊的农产品深加工市场、重工业生产基地和丰富的国际化旅游市场[127]。流域内有葡萄种植业、制种业、人参果种植业等一系列的特色农业经济产业[126]。

2.1.3　土地资源现状

参考中国科学院西部数据中心提供的石羊河流域土地利用结构信息可知（表 2 - 1）：2016 年石羊河流域土地资源总面积 41 600 平方千米，其中耕地占土地总面积的 14.93%，草地占土地总面积的 30.90%，林地占土地总面积的 9.24%，水域占土地总面积的 1.02%，建设用地占土地总面积的 0.43%，未利用地占土地总面积的 43.48%。

表 2-1 2016 年石羊河流域土地利用结构

土地利用类型	2016 年土地利用面积（平方千米）	比例（%）
耕地	6 210.00	14.93
草地	12 854.45	30.90
林地	3 845.00	9.24
水域	422.65	1.02
建设用地	180.20	0.43
未利用地	18 087.70	43.48

2.1.4 生态环境问题

我国内陆河有几十条乃至上百条，河西走廊东部最大的内陆河是石羊河。黑河与石羊河、疏勒河三条大河都发源于祁连山冰川融雪，具有土地平整、交通便利、灌溉方便、集中连片、土壤质地好的鲜明特征，使美丽的西北内陆生机盎然。北方少有的灌溉农业，助推了现代农业产业化、机械化、规模化发展，推动了一个个绿洲盆地的农业大发展。但是，在社会经济发展过程中石羊河流域因人口密度最大、经济发展最快、水资源开发利用程度最高、生态环境问题最突出而受到广泛关注。受自然条件和社会经济发展等因素的影响，主要有以下几方面的生态问题。

（1）生态环境恶劣，矛盾突出

石羊河地处西北内陆腹地，孕育着西北旱区农业，是西北对外开放的通道。近几十年来，因为石羊河流域水资源过度开发、水土资源无序利用、水资源管理不到位等，使流域的生态系统失衡，如 2005 年腾格里和巴丹吉林两大沙漠合围民勤县，造成流域内耕地大面积被覆盖、天然植被枯萎死亡、土地沙漠化进程加快，使民勤县一度面临被消亡的威胁[128]。

同时，人们对土地资源的利用方式多样，出现了建设用地与耕地保护之间的矛盾、社会经济发展与人民大众满足需求之间的矛盾，促使人们想方设法去获取更多的物质资料，对资源进行不合理的开发使用，如祁连山矿产资源的粗放开发、大面积砍伐沙枣树扩大耕地面积等；加上西北内陆天气干旱少雨、昼夜温差大、地形地貌复杂（高山、平原和盆地相间分布）、自然灾害频发，使西北内陆河流域的生态状况持续恶化，如今已是生态环境最恶劣的区域之一。

（2）水资源缺乏，植被退化严重

石羊河流域随着社会经济的发展和人口的增加，导致地下水下降，水资源匮乏，生产生活用水大量挤占生态用水，使得流域植被退化严重，青土湖干涸萎缩，土地沙化蔓延迅速，影响着当地人民的生产生活。如上游祁连山产流区植被破坏严重，林线后移，冰川雪线退缩，涵养水源能力降低，保水能力减弱，水土流失面积增大，河床淤积严重；中游盲目扩大灌溉面积，使中游的耗水量过大，挤占了下游的水资源量，出现中下游用水矛盾；下游地表水不足，加上地下水超标开采，使大量植被枯死，土地盐泽化、沙化严重，自然灾害频发，大量耕地抛荒，水资源的缺乏引起一系列的生态问题。总之，水资源的缺乏引起了生态系统失衡[129]，植被退化严重。

（3）资源利用粗放，人地关系复杂

石羊河流域属于少数民族聚居区域，主要有藏族、蒙古族、回族、裕固族和东乡族等，2016 年人口达到 227 万，人口密度约为河西走廊其他区域人口密度的 3.4 倍，造成人多地少，优质耕地不能满足人口增长和社会经济发展的需要。农户生计靠放牧、打猎、经商和种植农业，人地关系相当复杂。农业种植虽初具规模，但利用方式还是很粗放。农户生产生活水平低下，陷入恶性循环的毁林开荒当中。

2.2 数据来源与处理

2.2.1 数据来源

本书所用的遥感影像数据主要来源以下两个网站：http：//www. gscloud. cn/（西部数据中心）和 http：//glovis. usgs. gov/；其他数据则来源中国科学院寒旱所和国家基础地理信息中心的相关网站、《石羊河流域社会发展年鉴》和石羊河流域各区县的土地利用变更数据。

（1）遥感数据

本研究采用了 1988 年、1995 年、2004 年、2010 年、2016 年 5 期 TM 遥感影像，每期影像 4 景，包含 7 个波段，分辨率均为 30 米[130]。每一期影像各景的影像轨道号为 131/034、131/033、132/034、132/033；各景影像的云量<10%。

（2）其他数据

非遥感数据包括在国家地理信息中心下载得到的 1：50 000 石羊河流域的地形图、行政区划图；石羊河流域 4 市 9 县的土地利用变更数据；同时参照了石羊河流域 4 市 9 县永久性基本农田规划图、祁连山生态保护与建设综合治理规划（2012—2020 年）、三北防护林建设规划；社会、经济方面的数据主要来源实地调查及石羊河流域 1988—2016 年的统计年鉴、环境年鉴和经济年鉴等。

2.2.2 影像预处理

在获得遥感影像的基础上，利用 ERDAS IMAGINE 2013 软件对 1988 年、1995 年、2004 年、2010 年、2016 年 5 期影像进行预处理，其具体处理过程如下。

（1）波段组合

在该软件下对下载得到的 5 期遥感影像做波段组合处理，每一期、每一景影像均由 7 个波段组成，通过波段组合得到每一景影像有 7 个波段的 TM 影像；利用从国家地理信息中心下载得到的 1：50 000 石羊河流域的地形图对每一景影像做几何校正[131]。

（2）几何校正

传感器的位置、高度等各种因素的变化会造成像元相对于目标的实际位置发生扭曲、挤压、伸展等几何变形，在这种情况下就需要对影像进行几何校正[130]。几何校正的基本原理是回避成像的空间几何过程，直接利用地面的控制点数据对遥感影像的几何畸变本身进行数学模拟，并且认为遥感影像的总体畸变可以看作是挤压、扭曲、缩放、偏移以及更高层次的基本变形综合作用的结果。因此，校正前后图像相应点的坐标关系可以用一个适当的数学模型来表示[132]。几何校正方法有精校正和粗校正，本研究采用 ERDAS IMAGANE 2013 软件对影像进行几何精校正，具体步骤为[130-133]：

①根据已有的标准地形图对 2016 年的 TM 影像进行几何校正。先在地形图和遥感影像选择易识别同名点作为控制点，控制点应尽可能地均匀分布在整幅影像上。通过采用二次多项式函数转化进行图像校正；②对遥感影像选取最邻近法进行灰度重采样，将原始影像的灰度值转化为校正后的灰度值；③用经过几何校正的 2016 年 TM 影像为参照标准，对研究区域 1988 年、1995 年、2004 年、2010 年的 TM 影像进行校正。

（3）图像拼接裁剪

在 ERDAS IMAGANE 2013 中对图像进行拼接，并以石羊河流域地形图边界为准，对拼接图做不规则裁减，裁剪过程在 Arcgis 中进行，本书影像所用的坐标系为 WGS‑1984，裁剪得到 1988 年、1995 年、2004 年、2010 年、2016 年的影像数据。

（4）图像增强

图像增强可以改善图像的质量，提高图像目视效果，突出图像的主要信息。根据空间的不同，遥感图像增强技术可以分为两大类：空间域增强和频率域增强，其中空间域增强是以对图像像元的直接处理为基础，频率域增强是将空间域图像变换成频率域然后对其进行处理，因此经过图像增强处理可以达到以下的效果[134]：改变图像的灰度范围和灰度等级，提升遥感图像的对比度；去噪处理以消除图像上的噪声；通过锐化功能用以突出地物的主要信息；图像色彩变换处理等[135-136]。

①直方图均衡化。为了提高图像的可解译性，达到可以从图像中提取更有用的定量化信息的程度，就要用遥感图像增强中的直方图均衡化、直方图匹配、去霾处理（缨帽变换）等来提升图像的质量。直方图均衡化实质上是对图像进行非线性拉伸，重新分配图像像元值，使一定范围内的像元数量大致相同。这样原来直方图中间的峰顶部分对比度得到增强，而两侧的谷底部分对比度降低，输出图像的直方图是较平的分段直方图[137]。即对像元值重新分配，保证在一定灰度范围内使得像元数量大致相等，把原图像上频率小的灰度级进行合并，对频率高的像元进行拉伸，这样可以大大改善亮度集中的图像，增大地物与周围地物的面积反差[138-139]。

②直方图匹配。直方图匹配是对图像查找表进行数学变换，使一副图像某个波段的直方图与另一幅图像对应波段类似。直方图匹配可以部分消除由于受大气影像造成的相邻图像的效果差异[130][140]。

③缨帽变换。去霾处理的实质是对图像进行缨帽变换，通过变化主成分与模糊度相关的成分并将其剔除，再通过主成分逆变换得到 RGB 色彩空间，以达到去除雾霾的目的。通过图像增强处理，改善图像的灰度等级和灰度范围，提高图像的对比度；消除噪声平滑图像；突出地物边缘和线状地物[133][141]。

2.2.3　图像分类

相同的环境下同类地物具有相同的光谱特征，异类地物之间具有不同的光谱特征，因此，可以把遥感影像的像素按性质的不同分为若干个类别，即对图像进行分类。它是用计算机对遥感图像上的属性进行识别和分类的过程，其目的是从图像上识别实际地物，提取地物信息，把图像中的相似的像元或区域划为一类，其结果是将图像空间划分为若干个子区域，一种地物代表一个区域[142-143]。

遥感影像分类方法主要有：监督分类、非监督分类及专家分类 3 种。本研究主要采用了监督分类的方法对石羊河流域的 5 期遥感图像进行分类。监督分类当中最大似然分类法的基本原理是假定各类地物总体上服从一定的分布，依次计算图像中每个像元与给定地物类别的似然度，然后采用统计方法建立起来一个判别函数集，再根据这个判别函数集计算这个像元的归属概率，将它划分到似然度最大的类别中去。该方法主要根据同类像元相似的光谱性质，把其划分到属于最大概率的某类中去[144]。

最大似然分类法的具体研究过程为：①样区选择。导入待分类处理的影像，启动分类器 Classifier 中的特征定义编辑器 Signature Editor，在视窗中的 AOI Tools 中选择多边形进行各类地物的样区选择。选完每类的样区后，用 Add 将训练样区加到特征定义编辑器中，此时编辑器中增加了该训练样区的一些信息，如训练样区的名字、颜色、总像元数以及统计信息最大值、最小值、均值、标准偏差等；在进行样区选择时要注意样本的准确性、代表性和统计性，特别要注意同组分地物的复杂性，这就要求选取样本时要考虑到同种地物组分的不同类别。②监督分类。在 Signature Editor 对话框中选择 Classify 中的 Supervised（监督法分类）并在 Output File 处输入文件名，点击 Attribute Options，用最大似然法进行分类[145]。

（1）定义分类模板和分类标准

本书景观组分的划分是依据 LUCC 里面的研究思路来进行划分的，并参考了土地利用类型的命名。根据石羊河流域包括大漠戈壁、冰川雪峰、森林草原等多种自然景观，突出特色自然景观对区域生态环境的影响和作用，将石羊河流域景观分为耕地、林地、草地、建设用地、水体、冰川及永久积雪用地、沙地和未利用地 8 个景观组分。石羊河流域景观组分划分及说明如表 2 - 2 所示。

表 2 - 2　石羊河流域景观组分划分及说明

景观组分	说明
耕地	水田、水浇地、旱地
林地	其他林地、灌木林地、有林地
草地	天然牧草地、人工牧草地、其他草地
水体	河流水面、湖泊水面、水库水面、坑塘水面、沟渠
建设用地	商服用地、工矿仓储用地、住宅用地、特殊用地、交通运输用地
冰川及永久积雪用地	被冰雪常年覆盖的土地
沙地	表层为沙覆盖、基本无植被的土地，不包括滩涂中的沙地
未利用地	田坎、盐碱地、沼泽地、裸地、空闲地

（2）各年份景观生态数据库

依据表 2 - 2 的景观组分分类，制作石羊河流域 1988 年、1995 年、2004 年、2010 年、2016 年 5 期景观生态数据库。

（3）分类精度评估

分类精度评估是将专题分类图像的特定像元与已知分类的参考像元进行比较，实际应用中往往是将分类数据与地面真值、先验地图、高空分辨率的航片或其他数据进行对比。

分类评价具有多种方法如分类叠加、定义阈值、精度评估，本书中我们用的是精度评估，以判断精度是否符合我们的要求。精度评估的主要指标有用户精度、制图精度和 Kappa 系数；其中用户精度用于反映各类别被正确分类的像元数与被评价图像上相应类别总像元数的比值；制图精度用于反映各类别被正确分类的像元数与参照图像上相应类别总像元数的比值；总体分类精度是结果与地面所对应区域的实际组分相一致概率的和；Kappa 系数用来客观地评价分类质量状况[146-147]。

本书中精度评价采用随机采样方式，每期影像随机产生 100 个点，然后进行精度评价，石羊河流域景观组分分类精度结果如表 2-3 所示，Kappa 系数在 80% 以上，说明本次分类精度符合要求。

表 2-3　石羊河流域各年份影像精度评估

单位：%

年份	精度名称	耕地	林地	草地	水体	建设用地	冰川及永久积雪用地	沙地	未利用地
1988	用户精度	100.00	93.48	78.57	94.45	96.36	92.66	93.46	96.97
	制图精度	75.00	97.73	100.00	80.77	78.86	81.32	82.36	100.00
	总体精度					93.00			
	Kappa 系数					89.60			
1995	用户精度	85.71	71.40	94.44	98.00	83.33	82.56	81.69	81.25
	制图精度	75.00	83.33	85.00	98.00	83.33	85.36	90.11	92.86
	总体精度					92.00			
	Kappa 系数					88.84			
2004	用户精度	85.71	100.00	96.00	86.86	100.00	79.99	82.45	96.15
	制图精度	100.00	71.43	96.00	83.86	66.67	81.45	84.69	100.00
	总体精度					96.25			
	Kappa 系数					93.18			
2010	用户精度	80.77	85.17	94.45	96.63	83.36	87.36	82.31	98.00
	制图精度	80.77	76.00	80.77	78.86	78.17	86.33	81.56	100.00
	总体精度					86.25			
	Kappa 系数					88.54			

（续）

年份	精度名称	耕地	林地	草地	水体	建设用地	冰川及永久积雪用地	沙地	未利用地
2016	用户精度	100.00	83.36	94.45	85.00	90.54	84.11	87.45	73.68
	制图精度	80.00	85.36	80.77	85.00	86.53	85.65	89.22	85.63
	总体精度					88.00			
	Kappa 系数					81.54			

（4）现场验证

本书收集了 1988 年、1995 年、2004 年、2010 年以及 2016 年石羊河流域景观生态图和对应年份的三维 Google 影像作为参考，并应用 GPS 进行野外实地调查建立的 50 个样本点和 Google 影像上 120 个样本点作为解译结果的验证点，根据验证点对分类后的各个时期景观组分结果进行精度评估和结果修正，其中实地调查的 50 个样本点作为 2016 年的验证样本，Google 影像 120 个样本点中用于验证其他几期景观组分现状图，解译结果的验证点均为 30 个。同时本书采用 Kappa 系数进行定量评价，结果显示，1988 年、1995 年、2004 年、2010 年和 2016 年计算得到的 Kappa 系数分别为 89.60％、88.84％、93.18％、88.54％和 81.54％，精度达标，可作为后续的研究数据。

2.2.4　景观组分面积

本节根据石羊河流域景观组分以及研究需要，分别统计出耕地、林地、草地、水体、建设用地、冰川及永久积雪用地、沙地和未利用地的面积占区域景观总面积的百分比，具体如表 2-4 所示。

表 2-4　石羊河流域各种景观组分面积百分比

单位：％

景观组分	1988 年	1995 年	2004 年	2010 年	2016 年
耕地	10.846 2	14.103 4	12.922 8	13.078 5	14.927 9
林地	11.588 9	11.555 3	10.882 2	10.384 1	9.242 8
草地	24.824 5	26.963 9	28.680 3	28.428 5	30.900 1
水体	1.995 2	1.533 9	0.908 1	0.817 0	0.920 3
建设用地	0.192 6	0.231 8	0.395 7	0.429 8	0.433 2
冰川及永久积雪用地	0.103 9	0.102 9	0.100 7	0.098 8	0.095 7
沙地	14.384 6	17.985 6	19.520 7	20.054 5	20.197 1
未利用地	36.071 8	27.525 4	26.586 3	26.494 0	23.282 9

在景观组分中，1988—2016 年中耕地、草地、建设用地、沙地面积占景观总面积的百分比整体上增加了，而林地、水体、冰川及永久积雪用地、未利用地占景观总面积的百分比则整体上减少了，研究期内尤其以草地的增加和未利用地的减少最为突出。

2.3　本章小结

基于遥感图像的多源数据（包括遥感影像和地理辅助专题数据），根据石羊河流域的景观组分情况，结合实地考察采集的照片与遥感影像上各类地物的对应关系，通过影像裁剪、几何校正、图像增强处理、组合波段优选、景观组分分类及景观组分分类后的精度评估和现场验证。从 5 期景观组分分类的总体精度和现场验证来看，Kappa 系数均在 80％以上，说明本次景观分类精度符合要求，石羊河流域的各景观组分面积统计结果准确率高。

第3章 石羊河流域景观格局变化及驱动力分析

3.1 研究方案

景观格局变化反映生态系统和功能的变化，是反映石羊河流域社会经济可持续发展的重要研究方法[148-149]。为厘清当前石羊河流域生态环境现状，急需研究景观格局现状及景观变化的特征、规律来揭示生态环境变化受景观格局变化的影响。同时，景观格局变化驱动因子影响着景观格局变化的发展轨迹，能满足阐释景观格局变化的机理[150-151]，通过揭示各景观组分变化的驱动因素，能够预测景观格局的未来变化方向，为设计政策和制定相关法律法规保护生态环境具有重要意义。

因此，本章基于石羊河流域 1988—2016 年的景观生态图及景观格局数据库，运用 Fragstats 软件从景观形状指标、破碎度指标和景观多样性指标三个方面对斑块的结构、功能和特点进行了研究方案设计。首先选取斑块个数（N）、斑块密度（PD）、景观分维度（FD）、香农多样性指数（$SHDI$）和香农均匀度指数（$SHEI$）5 个指标，总体表征石羊河流域的景观组分变化现状和演变特征；其次从景观数量变化、结构变化、形状变化 3 个方面对景观变化现状进行分析；再次利用动态度模型、重心变化模型、转置矩阵模型揭示各景观组分的变化；最后通过 Logistic 回归模型，从自然驱动因子（气候、地形和土壤）和人文驱动因子（人口状况、科技水平、经济发展、农业生产和生活水平）中各选取 21 个三级指标来构建石羊河流域驱动指标体系并进行实证分析，得出推动石羊河流域各景观组分变化的影响因素，以此为进一步推进流域的景观生态恢复和保护提供理论依据和调控实践方向。

3.2 景观格局变化分析

针对石羊河流域的景观格局现状研究，参考国内外学者的研究，本节从景观生态学的基本特性出发，利用景观指数分别从景观水平、景观组分方面对石羊河流域的景观数量变化、景观结构变化和景观形状变化进行分析[152]，具体见表3-1、表3-2、表3-3和表3-4。

3.2.1 数量变化

（1）景观水平变化研究

景观生态学中斑块个数反映了人类开发利用土地的强度和景观异质性，即斑块个数越多，斑块密度越大，其破碎化程度越高，生态效益越差。景观分维数越大，斑块边缘越复杂，受人类活动干扰越明显。香农多样性指数、香农均匀度指数越增加导致各拼块组分在景观中越呈均衡化趋势分布，破碎化程度越高[153]。

由表3-1石羊河流域景观水平变化可知，1988—2016年石羊河流域景观组分总面积41 600平方千米，而斑块个数、斑块密度、景观分维度、香农多样性指数和香农均匀度指数整体逐年增大，说明石羊河流域土地利用开发强度越来越大，人类活动对生态环境的影响越来越明显，景观图斑破碎化程度也越来越高，从而改变了景观组分的空间生态功能。

表3-1 1988—2016年石羊河流域景观水平变化

年份	总面积（平方千米）	斑块个数	斑块密度	景观分维度	香农多样性指数	香农均匀度指数
1988	41 600	12 057	0.289 8	1.449 2	52.736 8	0.423 8
1995	41 600	12 364	0.297 2	1.497 4	61.549 3	0.417 0
2004	41 600	12 593	0.302 7	1.518 0	61.890 1	0.461 7
2010	41 600	12 937	0.310 9	1.515 3	70.332 7	0.524 7
2016	41 600	13 234	0.318 5	1.518 7	72.686 8	0.562 0

（2）景观组分变化研究

由表3-2石羊河流域各景观组分变化可知，1988—2016年石羊河流域景观组分面积、图斑个数和平均斑块面积中，耕地面积占总面积比例上升了4.08%，图斑个数增加了906个，平均斑块面积降低了0.002 3平方千米。林地面积占总面积比例下降了2.35%，图斑个数增加了577个，平均斑块面积降低了0.001 6平方千米。草地面积占总面积比例上升了6.08%，图斑个数减少了1 244个，平均斑块面积增加了0.019 2平方千米。水体面积占总面积比例下降了0.24%，图斑个数增加了10个，平均斑块面积增加了0.000 7平方千米。建设用地面积占总面积比例减少了1.07%，图斑个数增加了1 288个，

表 3-2 1988—2016 年石羊河流域各景观组分变化

年份	指数	耕地	林地	草地	水体	建设用地	冰川及永久积雪用地	沙地	未利用地
1988	组分面积（%）	10.846 2	11.588 9	24.824 5	0.192 6	1.995 2	0.103 9	14.384 6	36.071 8
	斑块个数	1 118	2 447	2 266	325	1 638	52	562	3 589
	平均斑块面积（平方千米）	0.009 7	0.004 7	0.011 0	0.000 6	0.001 2	0.002 0	0.025 6	0.010 1
1995	组分面积（%）	14.103 4	11.555 3	26.963 9	0.231 8	1.533 9	0.102 9	17.985 6	27.525 4
	斑块个数	2 298	2 646	1 986	385	1 985	54	702	2 308
	平均斑块面积（平方千米）	0.006 1	0.004 4	0.013 6	0.000 6	0.000 8	0.001 9	0.025 6	0.011 9
2004	组分面积（%）	12.922 8	10.882 2	28.680 3	0.395 7	0.908 1	0.100 7	19.520 7	26.586 3
	斑块个数	3 021	2 712	1 744	451	2 489	56	781	1 039
	平均斑块面积（平方千米）	0.004 3	0.004 0	0.016 4	0.000 9	0.000 4	0.001 8	0.025 0	0.025 6
2010	组分面积（%）	13.078 5	10.384 1	28.428 5	0.429 8	0.317	0.098 8	20.054 5	26.494
	斑块个数	3 597	2 938	1 666	439	2 802	57	802	662
	平均斑块面积（平方千米）	0.003 6	0.003 5	0.017 1	0.001 0	0.000 3	0.001 7	0.025 0	0.040 0
2016	组分面积（%）	14.927 9	9.242 8	30.900 1	0.433 2	0.920 3	0.095 7	20.197 1	23.282 9
	斑块个数	2 024	3 024	1 022	335	2 986	60	821	960
	平均斑块面积（平方千米）	0.007 4	0.003 1	0.030 2	0.001 3	0.000 3	0.001 6	0.024 6	0.024 3

平均斑块面积降低了 0.000 9 平方千米。冰川及永久性积雪用地面积占总面积比例下降了 0.008%，图斑个数增加了 8 个，平均斑块面积降低了 0.004 平方千米。沙地面积占总面积比例上升了 5.81%，图斑个数增加了 259 个，平均斑块面积减少了 0.001 平方千米。未利用地面积占总面积比例下降了 12.79%，图斑个数减少了 2 629 个，平均斑块面积增加了 0.014 2 平方千米。

石羊河流域景观水平数量增加明显，各景观组分在研究期内耕地、林地、水体、建设用地、冰川及永久性积雪用地呈破碎化发展，而草地、沙地和未利用地呈规模化发展。

3.2.2　结构变化

（1）景观水平变化研究

聚集度指数低、图斑密度高说明各景观组分分散于许多不同景观组分斑块之间，存在景观组分破碎化；相反，聚集度指数高、图斑密度低则说明各景观组分分布比较紧密[154]。

由表 3-3 石羊河流域不同年份景观水平结构变化可知，石羊河流域 1988—2016 年斑块密度逐年增加，而聚集度指数整体递减，说明石羊河流域的景观破碎化程度增加，景观分布呈分散化。

表 3-3　石羊河流域不同年份景观水平结构变化

景观指数	1988 年	1995 年	2004 年	2010 年	2016 年
斑块密度（PD）	0.289 8	0.297 2	0.302 7	0.310 9	0.318 5
聚集度指数（AI）	52.370 0	48.178 9	41.768 0	44.157 9	41.393 5

（2）景观组分变化研究

本节根据石羊河流域各景观组分的生态特点，由表 3-4 石羊河流域各景观组分结构变化可知，石羊河流域在 1988—2016 年间，聚集度指数增加但图斑密度减少最多的是草地，聚集度指数减少但图斑密度增加最多的是冰川及永久积雪用地。其中聚集度指数增加从大到小依次是草地、林地、水体；聚集度指数减少从大到小依次是未利用地、建设用地、冰川及永久积雪用地、沙地和耕地。图斑密度增加从大到小依次是冰川及永久积雪用地、建设用地、林地和未利用地；图斑密度减少从大到小依次是水体、耕地、沙地和草地。

从 1988—2016 年间石羊河流域景观水平变化和景观组分变化状况可知：景观水平结构整体分布逐渐破碎化，且呈分散分布。其中较紧密的组分是建设用地、冰川及永久积雪用地、未利用地；分散分布的组分是草地和水体，而耕地、林地和沙地处于两者之间。

表 3 - 4　1988—2016 年石羊河流域各景观组分结构变化

年份	景观指数	耕地	林地	草地	水体	建设用地	冰川及永久积雪用地	沙地	未利用地
1988	聚集度指数	88.869 2	78.443 8	75.868 4	87.145 2	89.717 3	92.135 4	95.421 4	67.029 2
	图斑密度	0.092 2	0.086 3	0.040 3	5.192 1	0.501 2	9.624 6	0.069 5	0.027 7
1995	聚集度指数	87.193 8	81.119 7	77.421 4	82.475 6	76.282 7	90.478 5	92.323 2	64.063 8
	图斑密度	0.070 9	0.086 5	0.037 1	4.314 1	0.651 9	9.718 2	0.055 6	0.036 3
2004	聚集度指数	84.104 5	83.318 5	77.533 9	76.214 5	61.054 7	88.658 9	90.258 4	55.664 1
	图斑密度	0.077 4	0.091 9	0.034 9	2.527 2	1.101 2	9.930 5	0.051 2	0.037 6
2010	聚集度指数	84.994 0	85.584 4	84.333 8	89.258 6	64.441 0	84.612 5	89.457 8	55.304 8
	图斑密度	0.076 5	0.096 6	0.035 2	2.326 7	1.224 0	10.121 5	0.049 9	0.037 7
2016	聚集度指数	88.548 6	86.387 2	94.302 7	88.215 9	76.971 3	81.256 4	85.654 7	41.786 5
	图斑密度	0.067 0	0.108 2	0.032 4	2.308 4	1.086 6	10.449 3	0.049 5	0.042 9

3.2.3　形状变化

（1）景观水平变化研究

景观分维数、边缘密度的值越小越好，说明景观组分的斑块少、面积大，且景观组分的连片化程度增强、景观破碎化程度降低；景观分维数、边缘密度值越大，说明要素斑块与其相邻异质斑块间的接触越多，边缘复杂，破碎化明显[155]，也是景观形状表征的关键指标。由表 3 - 5 石羊河流域不同年份景观水平形状变化可知：分维度和边缘密度呈整体增加趋势，说明石羊河流域的景观边缘越来越复杂，景观形状越来越不规整。

表 3 - 5　石羊河流域不同年份景观水平形状变化

景观指数	1988 年	1995 年	2004 年	2010 年	2016 年
分维度（D）	1.449 2	1.497 4	1.518 0	1.515 3	1.518 7
边缘密度（ED）	52.838 8	54.442 0	61.916 6	61.996 8	62.022 3

（2）景观组分变化研究

由表 3 - 6 石羊河流域各景观组分形状分布可知，1988—2016 年耕地的景观分维数研究期内增加了 0.200 0，边缘密度增加了 11.720 1；建设用地的景观分维数研究期内增加了 0.160 0，边缘密度增加了 29.558 8；冰川及永久积雪用地研究期内景观分维数增加了 0.120 0，边缘密度增加了 0.900 0。而未利用地研究期内景观分维数增加了 0.020 0，边缘密度减少了 16.030 0；草地研究期内景观分维数减少了 0.050 0，边缘密度减少了 5.488 5；沙地研究期内景观分维数减少了 0.040 0，边缘密度减少了 3.461 2；林地研究期内景观分维数减少了 0.010 0，边缘密度减少了 12.900 0。

表 3-6　石羊河流域不同年份各景观组分形状变化

年份	指数	耕地	林地	草地	水体	建设用地	冰川及永久积雪用地	沙地	未利用地
1988	景观分维度	1.430 0	1.520 0	1.530 0	1.514 0	1.420 0	1.200 0	1.620 0	1.530 0
	边缘密度	14.084 4	42.010 0	37.062 3	21.500 0	25.780 7	11.920 0	3.721 5	70.030 0
1995	景观分维度	1.470 0	1.420 0	1.510 0	1.550 0	1.460 0	1.080 0	1.568 4	1.505 9
	边缘密度	20.455 3	40.005 7	48.885 9	22.550 0	32.844 9	11.180 0	3.866 7	67.578 5
2004	景观分维度	1.520 0	1.440 0	1.500 0	1.600 0	1.470 0	1.060 0	1.592 8	1.532 1
	边缘密度	23.784 4	34.606 8	51.754 4	23.600 0	40.211 6	11.260 0	3.948 5	64.801 1
2010	景观分维度	1.580 0	1.520 0	1.490 0	1.650 0	1.520 0	1.050 0	1.601 1	1.520 0
	边缘密度	25.469 8	30.402 8	44.883 0	24.650 0	47.994 6	11.350 0	2.321 2	61.159 0
2016	景观分维度	1.630 0	1.510 0	1.480 0	1.700 0	1.580 0	1.320 0	1.580 0	1.550 0
	边缘密度	25.804 5	29.110 0	31.573 8	25.700 0	55.339 5	12.820 0	0.260 3	54.000 0

综上，石羊河流域在研究期内景观形状复杂、破碎化突出，其中耕地、建设用地和冰川及永久积雪用地边缘趋向复杂，受人类活动影响明显；而未利用地、林地、草地、水体和沙地边缘趋于规整。

3.3　景观格局变化特征分析

对于景观组分变化特征的研究，本书利用动态度模型、重心变化模型和转置矩阵模型揭示景观斑块的速度变化、空间变化和结构变化，具体见表 3-7、表 3-8、表 3-9、表 3-10、表 3-11 和表 3-12。

3.3.1　景观变化速度分析

土地利用的变化速度表示某一类土地利用组分在某个时间段内的变化速率，其值越大，则该组分土地利用强度越大，人类对自然环境的干扰越明显；反之则相反。本书采用单一动态度和综合动态度来研究各景观组分的变化速度[156]。本书的研究也从综合动态度和单一动态度出发研究石羊河流域景观水平和景观组分变化速度。

（1）景观综合动态度

景观综合动态度反映的是研究区域内所有景观组分的综合变化速率，它是研究区内景观组分整体稳定性的体现，通过不同时间段综合动态度的比较来表征景观的变化速度。综合动态度越高，表明研究区内景观组分变化越剧烈，整体稳定性越差。反之，则说明景观组分变化趋于稳定，从中也可反映出景观变化的空间差异性[157]。具体公式如下：

$$LCG = \Big[\sum_{i=1}^{n} \Delta LU_{i-j} \Big/ 2 \sum_{i=1}^{n} LU_i \Big] \times \frac{1}{T} \times 100 \qquad (3-1)$$

式（3-1）中，LCG 是研究区的景观综合动态度，LU_i 为研究初始时间的第 i 类的景观组分的面积，LU_{i-j} 为研究时间内第 i 类景观组分转为非第 i 类景观组分面积的绝对值，T 为研究的长度，单位为年。

由公式（3-1）和表3-7可知：石羊河流域1988—2016年景观综合动态度为0.44%/年，呈 V 形发展。其中1988—2004年景观年综合动态度程度低，但是平稳性较好；而2004—2016年景观年综合动态度程度高，但是景观变化剧烈，稳定性差，尤其是2010—2016年最为显著。

表3-7　石羊河流域景观综合动态度

单位：%

年份	1988—1995	1995—2004	2004—2010	2010—2016	1988—2016
景观综合动态度	0.43	0.34	0.47	0.80	0.44

（2）单一景观动态度

单一景观动态度不仅可以表达某一景观组分在研究期间的动态度，还可以表达某一景观组分在研究时段的变化速度[156-158]。其公式为：

$$K = (U_b - U_a) \div U_a \times T^{-1} \times 100\% \qquad (3-2)$$

式（3-2）中：K 为1988—2016年某一时段景观组分的动态度，U_a、U_b 分别为某一研究时段开始时与结束时某一种景观组分的面积，T 为研究时段长。当 T 为年份时，K 表示研究区某一种景观组分的年变化速率。

在景观组分划分和各景观组分的面积统计基础上，计算石羊河流域耕地、林地、草地、水体、建设用地、冰川及永久积雪用地、沙地和未利用地在1988—1995年、1995—2004年、2004—2010年、2010—2016年以及1988—2016年间的单一景观动态度，即在不同阶段的各景观组分的变化速率，具体计算结果见表3-8。

表 3-8　石羊河流域单一景观动态度

单位：%

时间段	耕地	林地	草地	水体	建设用地	冰川及永久积雪	沙地	未利用地
1988—1995 年	4.29	-0.04	-1.29	-3.30	2.91	-0.14	3.58	-1.71
1995—2004 年	-0.93	-0.65	-0.71	-4.53	7.85	-0.23	0.95	-0.38
2004—2010 年	0.20	-0.76	-0.15	-1.67	1.44	-0.32	0.46	-0.06
2010—2016 年	2.36	-1.83	1.45	2.11	0.13	-0.53	0.12	-2.02
1988—2016 年	1.30	-0.70	0.15	-1.86	4.31	-0.27	1.39	-0.88

第一，从不同时间段的景观组分动态度来说：从表 3-8 可知，1988—2016 年石羊河流域景观变化的单一动态度中，研究期内建设用地的单一动态度最高（4.31%/年），水体的单一动态度最低（-1.86%/年），说明石羊河流域随着社会经济的发展，建设用地增加速度最快，而水体的动态度呈现负值，表明水体减少速度最快。

其中：1988—1995 年，耕地的增加速率最大（4.29%/年），水体的减少速率最大（-3.30%/年）；1995—2004 年，建设用地的增加速率最大（7.85%/年），水体的减少速率最大（-4.53%/年）；2004—2010 年，建设用地的增加速率最大（1.44%/年），水体的减少速率最大（-1.67%/年）；2010—2016 年间，耕地的增加速率最大（2.36%/年），未利用地的减少速率最大（-2.02%/年）。从以上的数据看出，景观组分增加速率依次是建设用地>沙地>耕地>草地，景观组分减少速率依次是水体>未利用地>林地>冰川及永久积雪用地。

第二，从不同景观组分的动态度来说：从表 3-8 可知，耕地在研究时段内总体呈不规则状递增趋势（1.30%/年），其中在 1995—2004 年是减少的，说明此时间段耕地被占用得多，主要是因为土地沙化、建设用地扩张所导致。林地在研究时段内一直呈递减趋势（-0.70%/年），其中 1988—1995 年林地的减少速率为 -0.04%/年，1995—2004 年林地的减少速率为 -0.65%/年，2004—2010 年林地的减少速率为 -0.76%/年，2010—2016 年林地的减少速率为 -1.83%/年，说明研究期内林地面积持续减少，主要是由于林木被砍伐导致林地面积递减。草地在研究时段内总体呈递增状态（0.15%/年），其中 1988—1995 年草地的减少速率为 -1.29%/年，1995—2004 年草地的减少速率是－0.71％/年，2004—2010 年草地的减少速率是－0.15％/年，2010—2016 年草地的增加速率是 1.45％/年，说明草地在 1988—2010 年被开发利用严重，2010 年之后对草地保护效果明显，草地面积有所恢复。水体动态度在研究期内总体呈递减状态（－1.86％/年），只在 2010—2016 年增加了 2.11％/年。说明对水资源的需求量大，水体面积缩减严重。建设用地在 1988—2016 年间增加速率为 4.31％/年，逐年呈显著递增状态，说明石羊河流域经济发展快，建设用地开发力度大。但是 2010—2016 年增加速率有所减缓，反映了政府对建设用地增速的管控。冰川及永久积雪用地动态度在研究时段内一直呈减少状态（－0.27％/年），而且减幅越来越快，说明冰川及永久积雪用地受土地利用影响明显，冰川及永久积雪出现消融现象。沙地动态度在研究时段内一直呈递增状态（1.39％/年），而且增加速率越来越慢，说明 1988—1995 年沙化现象严重，1995—2016 年土地沙化得到了一定的控制。未利用地在研究时段内一直呈减少状态（－0.88％/年），即 1988—1995 年未利用地的减少速率是－1.71％/年，1995—2004 年未利用地的减少速率是－0.38％/年，2004—2010 年未利用地的减少速率是－0.06％/年，2010—2016 年未利用地的减少速率是－2.02％/年，说明人类对未利用地的开发力度很大。

3.3.2 景观变化空间分析

景观空间变化研究常借助于景观组分重心转移模型来实现，通过各种景观组分研究初期和末期经纬度的对比，可以得到景观组分的空间变化特征。此模型最早出现在力学原理中，后来在人口地理学方面使用较多。

其原理是某个区域被划分成几个小单元，利用小单元几何重心的地理坐标乘以小单元某个景观组分的面积，在加权求和的基础上除以全区域某个景观组分的总面积[159-160]。计算公式如下：

$$
\begin{cases}
x_m = \sum_{i=1}^{n} M_i X_i \Big/ \sum_{i=1}^{n} M_i \\
y_m = \sum_{i=1}^{n} M_i Y_i \Big/ \sum_{i=1}^{n} M_i
\end{cases}
\tag{3-3}
$$

式（3-3）中：x_m、y_m 表示某个景观组分重心的经纬度坐标；M_i 表示第 i 个小单元的面积；X_i、Y_i 表示第 i 个板块的坐标。

按照公式（3-3），针对本书研究内容，根据从 Arcgis 中提取的石羊河流域单位内各种景观组分的面积，根据前期和后期的景观组分面积的对比分析，计算出石羊河流域的各种景观组分在 1988 年、1995 年、2004 年、2010 年和

2016年的分布重心坐标和迁移距离，结果见表3-9和表3-10。

表3-9 各景观组分在不同时间内的重心坐标变化

单位：度

年份		耕地	林地	草地	水体	建设用地	冰川及永久积雪	沙地	未利用地
1988	X	102.67	102.43	102.59	102.56	102.56	102.29	103.06	102.78
	Y	38.17	37.91	38.09	38.06	38.06	37.75	38.74	38.36
1995	X	102.65	102.45	102.61	102.54	102.61	102.29	103.07	102.77
	Y	38.13	37.94	38.12	38.01	38.12	37.75	38.64	38.35
2004	X	102.65	102.44	102.62	102.55	102.68	102.29	103.07	102.76
	Y	38.13	37.92	38.14	38.04	38.24	37.75	38.62	38.34
2010	X	102.65	102.45	102.63	102.60	102.66	102.29	103.06	102.76
	Y	38.12	37.94	38.16	38.11	38.19	37.75	38.61	38.34
2016	X	102.64	102.45	102.64	102.63	102.69	100.44	103.02	102.77
	Y	38.11	37.94	38.17	38.14	38.21	37.75	38.54	38.36

表3-10 5个时段内各景观组分重心的漂移距离

单位：千米

景观组分	1988—1995年	1995—2004年	2004—2010年	2010—2016年
耕地	4.35	0.58	1.41	1.24
林地	3.72	2.20	2.49	0.06
草地	3.99	1.59	3.13	0.82
水体	5.79	3.54	8.91	4.40
建设用地	8.31	14.05	5.15	3.08
冰川及永久积雪用地	0.39	0.34	0.41	0.90
沙地	11.41	2.77	2.11	7.29
未利用地	10.41	5.97	4.16	2.51

（1）耕地重心变化

从表3-9和表3-10可知，1988年耕地重心坐标为东经102.67°、北纬38.17°，2016年耕地重心迁移到东经102.64°、北纬38.11°。石羊河流域1988—1995年、1995—2004年、2004—2010年、2010—2016年间年耕地重心向西南方向迁移距离分别为4.35千米、0.58千米、1.41千米和1.24千米，耕地面积净增加达1 698平方千米，说明石羊河流域在研究期内耕地资源开发利用向水源丰富、热量充足的南部祁连山方向迁移，增加了耕地的有效利用率。

（2）林地重心变化

从表3-9和表3-10可知，1988年林地重心坐标为东经102.43°、北纬37.91°，2016年林地重心迁移到东经102.45°、北纬37.94°。石羊河流域1988—1995年、1995—2004年、2004—2010年、2010—2016年间年林地重心向东北方向迁移距离分别为3.72千米、2.20千米、2.49千米和0.06千米，林地面积净减少达976平方千米，说明石羊河流域在沙漠边缘大面积植树造林，构建三北防护林体系，也间接反映了祁连山区域林地退化景象。

（3）草地重心变化

从表3-9和表3-10可知，1988年草地重心坐标为东经102.59°、北纬38.09°，2016年草地重心迁移到东经102.64°、北纬38.17°。石羊河流域1988—1995年、1995—2004年、2004—2010年、2010—2016年间年草地重心向东北方向迁移距离分别为3.99千米、1.59千米、3.13千米和0.82千米，草地面积净增加达2 527.45平方千米，说明石羊河流域向北加大种草力度，继续推进构筑生态安全屏障，发挥草地防风固沙功能。

（4）水体重心变化

从表3-9和表3-10可知，1988年水体重心坐标为东经102.56°、北纬38.06°，2016年水域重心迁移到东经102.63°、北纬38.14°。石羊河流域1988—1995年、1995—2004年、2004—2010年、2010—2016年间年水体重心先向西南再向东北迁移距离分别为5.79千米、3.54千米、8.91千米和4.40千米，水体面积净减少达489平方千米，说明前期人类对水资源的不合理利用，加上干旱少雨，以致部分区域干涸，而后期良好的治理措施，使原来的水体恢复了生机。如2007年以前，青土湖的干涸导致水体重心向祁连山冰川水域偏移，而2007年之后的逐步治理，使青土湖及沿线水域重新焕发生机，水体重心稍微向北迁移。

（5）建设用地重心变化

从表3-9和表3-10可知，1988年建设用地重心坐标为东经102.56°、北纬38.06°，2016年建设用地重心迁移到东经102.69°、北纬38.21°。石羊河流域1988—1995年、1995—2004年、2004—2010年、2010—2016年间年建设用地重心向西南方向迁移，迁移距离分别为8.31千米、14.05千米、5.15千米和3.08千米，而研究期内建设用地面积净增加达93.08平方千米，主要原因是武威市区作为建设用地的中心，近几年随着位于老城以北新城区的开发建设经济重心向祁连山附近迁移。

（6）冰川及永久积雪用地重心变化

从表 3-9 和表 3-10 可知，1988 年冰川及永久积雪用地重心坐标为东经 102.29°、北纬 37.75°，2016 年冰川及永久积雪用地重心迁移到东经 100°44′、北纬 37.75°。石羊河流域 1988—1995 年、1995—2004 年、2004—2010 年、2010—2016 年间年冰川及永久积雪用地重心缓慢向西南方向迁移距离分别为 0.39 千米、0.34 千米、0.41 千米和 0.90 千米，冰川及永久积雪用地净减少达 1.92 平方千米。说明随着全球气候变暖，雪线后退、冰川融化，冰川及永久积雪用地重心逐渐向西南方向迁移。

（7）沙地重心变化

从表 3-9 和表 3-10 可知，1988 年沙地重心坐标为东经 103.06°、北纬 38.74°，2016 年沙地重心迁移到东经 103.02°、北纬 38.54°。石羊河流域 1988—1995 年、1995—2004 年、2004—2010 年、2010—2016 年年沙地重心缓慢向南方向迁移距离分别为 11.41 千米、2.77 千米、2.11 千米和 7.29 千米，说明随着北部荒漠区农业的退出，减少了对生态环境的扰动，政府加大了生态防护林的建设和对未利用地的开发利用，使沙地的迁移速度放缓。

（8）未利用地重心变化

从表 3-9 和表 3-10 可知，1988 年未利用地重心坐标为东经 102.78°、北纬 38.36°，2016 年未利用地重心迁移到东经 102.77°、北纬 38.36°。石羊河流域 1988—1995 年、1995—2004 年、2004—2010 年、2010—2016 年间年未利用地重心缓慢向西南方向迁移距离分别为 10.41 千米、5.97 千米、4.16 千米和 2.51 千米，未利用地面积净减少达 2 853 平方千米，说明北部未利用地由于受沙化或者组分转换影响，面积减少比例大、迁移距离长。

从迁移时间段来看的话：在 1988—1995 年，沙地重心迁移距离最大（11.41 千米），1995—2004 年建设用地重心迁移距离最大（14.05 千米），2004—2010 年水体重心迁移距离最大（8.91 千米），2010—2016 年沙地重心迁移距离最大（7.29 千米）。

从迁移方向来看的话：建设用地、沙地、未利用地、水体、耕地、冰川及永久积雪用地整体向南方向迁移，而草地、林地向北方向迁移。

综上，从石羊河流域的景观空间变化迁移距离和方向可知，随着石羊河流域各景观组分在 1988—2016 年间的迁移距离从大到小依次是：建设用地＞沙地＞未利用地＞水体＞草地＞林地＞耕地＞冰川及永久积雪用地，以及多景观组分向南迁移，说明受人类活动的影响，景观组分在空间上发生较大迁移，其中低生态组分迁移明显，对生态质量造成了很大的影响。

3.3.3 景观变化结构分析

在景观格局变化研究中，景观组分转移矩阵是最有力的研究工具，可以全面地揭示景观组分的特征和变化方向等。本书利用转置矩阵来研究石羊河流域的景观组分的变化。计算方法如下：

$$S_{ij} = \begin{bmatrix} S_{11} & S_{12} & \wedge & S_{1n} \\ S_{21} & S_{22} & \wedge & S_{2n} \\ \wedge & \wedge & \wedge & \wedge \\ S_{m1} & S_{m2} & \wedge & S_{mn} \end{bmatrix} \qquad (3-4)$$

式（3-4）中，S 代表面积；n 代表景观的组分数。

由表 3-11 和表 3-12 可知，1988—2016 年间石羊河流域景观组分转置中，前 6 种景观之间的转化具体表现为水体→耕地、建设用地→沙地、水体→未利用地、建设用地→草地、冰川及永久积雪用地→未利用地、未利用地→沙地等，可见前 6 种景观组分之间的相互转化贡献率占研究区景观变化面积的104.56%，其中转化面积最多的是水体转置为耕地，占流域总转置面积的33.05%。说明石羊河流域的生态环境发生了显著的变化，生态质量正在逐渐变弱。

表 3-11　1988—2016 年石羊河流域景观组分转置矩阵

单位：%

景观组分		耕地	林地	草地	水体	建设用地	冰川及永久积雪	沙地	未利用地	合计
耕地	A	88.39	0.58	0.54	0.38	1.54	0.00	5.10	3.47	100
	B	64.22	0.68	0.19	4.44	33.62	0.00	2.74	1.62	
林地	A	5.40	76.25	4.36	0.10	0.30	0.00	9.13	4.47	100
	B	4.19	95.60	1.63	1.25	7.99	0.00	5.24	2.22	
草地	A	1.89	0.25	96.71	0.40	0.15	0.00	0.48	0.12	100
	B	3.14	0.68	77.70	10.79	8.60	0.00	0.60	0.12	
水体	A	33.05	4.37	4.39	36.88	5.97	0.00	0.28	15.07	100
	B	4.42	0.94	0.28	79.96	26.13	0.00	0.03	1.29	
建设用地	A	1.25	0.00	14.98	4.49	58.94	0.00	17.44	3.15	100
	B	0.02	0.00	0.09	0.94	17.31	0.00	0.36	0.03	

（续）

景观组分		耕地	林地	草地	水体	建设用地	冰川及永久积雪	沙地	未利用地	合计
冰川及永久积雪用地	A	0.00	0.00	0.00	0.00	0.00	87.90	0.00	12.10	100
	B	0.00	0.00	0.00	0.00	0.00	95.48	0.00	0.05	
沙地	A	0.00	1.34	0.33	0.00	0.00	0.00	97.94	0.38	100
	B	0.00	2.08	0.16	0.00	0.00	0.00	69.76	0.24	
未利用地	A	9.94	0.00	17.09	0.07	0.00	0.01	11.92	60.96	100
	B	24.03	0.00	19.95	2.61	6.35	4.52	21.29	94.43	

注：行表示 1988 年第 i 种景观组分，列表示 2016 年的第 j 种景观组分。A_{ij} 表示 1988 年第 i 种景观组分转置为 2016 年第 j 种景观组分的百分比，B_{ij} 表示 2016 年第 j 种景观中由 1988 年的第 i 种景观组分转置的百分比。

表 3 – 12　1988—2016 年石羊河流域景观组分转置排序表

单位：%

排序	转换方式	总变化率	累计比率	排序	转换方式	总变化率	累计比率
1	水体→耕地	33.05	33.05	19	草地→耕地	1.89	170.69
2	建设用地→沙地	17.44	50.49	20	耕地→建设用地	1.54	172.23
3	水体→未利用地	15.07	65.56	21	沙地→林地	1.34	173.57
4	建设用地→草地	14.98	80.54	22	建设用地→耕地	1.25	174.82
5	冰川及永久积雪→未利用地	12.10	92.64	23	耕地→林地	0.58	175.40
6	未利用地→沙地	11.92	104.56	24	耕地→草地	0.54	175.94
7	未利用地→耕地	9.94	114.50	25	草地→沙地	0.48	176.42
8	林地→沙地	9.13	123.63	26	草地→水体	0.40	176.82
9	水体→建设用地	5.97	129.60	27	耕地→水体	0.38	177.20
10	林地→耕地	5.40	135.00	28	沙地→未利用地	0.38	177.58
11	耕地→沙地	5.10	140.10	29	林地→建设用地	0.30	177.88
12	建设用地→水体	4.49	144.59	30	水体→沙地	0.28	178.16
13	林地→未利用地	4.47	149.06	31	草地→林地	0.25	178.41
14	水体→草地	4.39	153.45	32	草地→建设用地	0.15	178.56
15	水体→林地	4.37	157.82	33	草地→未利用地	0.12	178.68
16	林地→草地	4.36	162.18	34	林地→水体	0.10	178.78
17	耕地→未利用地	3.47	165.65	35	未利用地→水体	0.07	178.85
18	建设用地→未利用地	3.15	168.80	36	未利用地→冰川及永久积雪	0.01	178.86

从表 3-11 和表 3-12 可知，石羊河流域 1988—2016 年的各景观组分转置的变化情况。具体如下：

（1）耕地

1988—2016 年石羊河流域由其他组分转置耕地的面积达到 2 222 平方千米，主要来源水体、未利用地、林地和草地。由耕地转置其他组分的面积为524 平方千米，其中沙地转置率最高，其次为未利用地和建设用地。

（2）林地

1988—2016 年石羊河流域由其他组分转置林地的面积达到 169 平方千米，主要来源水体、沙地、耕地和草地。由林地转置其他组分的面积为 1 146 平方千米，其中沙地转置率最高，其次为耕地和未利用地。

（3）草地

1988—2016 年石羊河流域由其他组分转置草地的面积达到 2 867 平方千米，主要来源建设用地、林地。由草地转置其他组分的面积为 340 平方千米，其中耕地转置率最高，其次是沙地。

（4）水体

1988—2016 年石羊河流域由其他组分转置水体的面积达到 76.73 平方千米，主要来源建设用地、草地、耕地。由水体转置其他组分的面积为 523.9 平方千米，其中，耕地转置率最高，其次为未利用地。

（5）建设用地

1988—2016 年石羊河流域由其他组分转置建设用地的面积达到 149 平方千米，主要来源水体、耕地、林地、草地。由建设用地转置其他组分的面积为48.92 平方千米，其中沙地转置率最高，其次是草地。

（6）冰川及永久积雪用地

1988—2016 年石羊河流域由其他组分转置冰川及永久积雪用地的面积达到 1.8 平方千米，主要来源未利用地。由冰川及永久积雪用地转置其他组分的面积为 5.23 平方千米，其中 12.10% 转置未利用地。

（7）沙地

1988—2016 年由其他组分转置沙地的面积达到 2 541 平方千米，主要来源建设用地、未利用地、林地、耕地。由沙地转置其他组分的面积为 123 平方千米，其中林地的转置率最高，其次是未利用地。

（8）未利用地

1988—2016 年石羊河流域由其他组分转置未利用地的面积达到 539.03 平方千米，主要来源冰川及永久积雪用地、耕地和建设用地。由未利用地转置其他组分的面积为 5 856.81 平方千米，其中沙地转置率最高，其次是耕地。

3.4　景观组分变化驱动力分析

　　景观变化驱动力是指导致景观变化的多种因素的综合，也驱动了各景观组分间的生态变化过程，通过深入探讨和研究各种驱动力因素之间的相互关系、相互作用可以揭示景观变化规律、准确预测景观变化趋势，是制定政策的理论基础[161-162]。

3.4.1　景观组分变化驱动因子指标体系构建

　　本书参考有关景观组分变化驱动因子文献[163-164]，我国景观格局变化驱动因子主要有自然驱动因子和人文驱动因子。本书结合指标选取原则和石羊河流域的景观格局特征，从自然、人文驱动因子中选取 21 个三级指标来构建石羊河流域各景观组分驱动指标体系，其中自然因素中选取了气候、地形和土壤；人文因素中选取了人口状况、科技水平、经济发展、农业生产以及生活水平，指标体系构建具体见表 3－13。

　　上述 21 个驱动因素的数据来源中，自然驱动因素年降水量、年均气温统计数据根据石羊河流域水务局、统计局提供的降水、气温数据，利用 ArcGIS 的地统计模块中的克吕格空间插值得到[164]。高程、坡度、坡向根据石羊河流域数字高程模型（DEM）数据得到（1∶50 000 比例尺从马里兰大学下载）。土壤有机质含量根据近几年的测土配方项目数据，利用 ArcGIS 的普通克吕格空间插值得到，并对部分缺失年份的数据进行模拟。人文驱动因素体系中，非农业人口、农业人口密度、耕地有效灌溉面积、第一产业产值占 GDP 比重、第二产业产值占 GDP 比重、人均地区生产总值、经济密度、地方财政收入、全社

表 3－13　石羊河流域各景观组分驱动因子指标体系构建

一级指标	二级指标	三级指标	单位
自然因素	气候	年降水量（X_1）	毫米
		年均气温（X_2）	℃
	地形	高程（X_3）	米
		坡度（X_4）	度
		坡向（X_5）	度
	土壤	土壤有机质含量（X_6）	克/千克

（续）

一级指标	二级指标	三级指标	单位
	人口状况	非农业人口数量（X_7）	人
		农业人口密度（X_8）	人/平方千米
		耕地有效灌溉面积（X_9）	公顷
	科技水平	第一产业产值占 GDP 比重（X_{10}）	%
		第二产业产值占 GDP 比重（X_{11}）	%
		人均地区生产总值（X_{12}）	元
		经济密度（X_{13}）	万元 GDP/平方千米
人文因素	经济发展	地方财政收入（X_{14}）	万元
		全社会固定资产投资（X_{15}）	亿元
		综合城镇化率（X_{16}）	%
		粮食播种面积（X_{17}）	公顷
	农业生产	粮食总产量（X_{18}）	吨
		年末大牲畜存栏数（X_{19}）	万头
	生活水平	农民人均收入（X_{20}）	元
		城镇居民人均可支配收入（X_{21}）	元

会固定资产投资、综合城镇化率、粮食播种面积、粮食总产量、年末大牲畜存栏数、农民人均收入、城镇居民人均可支配收入指标通过统计年鉴、农业经济年报等统计信息网或者计算获得[164-165]。根据研究时间段和后续的景观动态预测需要，分别计算 1988—2004 年、2004—2016 年两个时间段相应指标数据的多年平均值。

3.4.2 景观组分变化 Logistic 回归模型构建

关于景观变化的驱动因素的定量研究较多，比较传统的方法有主成分分析法、灰色关联分析法和相关性分析法等统计方法。实际生活中当因变量是类别变量且不具备一定的分布规律时，若再使用普通的相关分析或者线性回归，则会导致结果产生严重误差，恰好 Logistic 回归模型能够很好地解决这个问题[166]，因此，本书根据石羊河流域景观格局的变化情况选用 Logistic 回归模型进行驱动力分析，选取景观组分所处时间段面积的平均值与选取指标所处时间段的平均值进行 Logistic 回归模型构建和分析。

根据 Logistic 模型的构建理论，设定 P 为发生概率，$1-P$ 则为不发生概率，其表达式为[28]：

$$P=\frac{\exp(\alpha+\beta_0+\beta_1 X_1+\beta_2 X_2+\cdots+\beta_i X_i)}{1+\exp(\alpha+\beta_0+\beta_1 X_1+\beta_2 X_2+\cdots+\beta_i X_i)} \quad (3-5)$$

通过 Logit 变换来构建线性模型，即：

$$Y=\text{Logit}P=\ln\left[\frac{P}{1-P}\right]=\alpha+\beta_1 X_1+\beta_2 X_2+\cdots+\beta_i X_i \quad (3-6)$$

式（3-6）中：Y 为因变量，表示景观变化发生的概率；X_i 为景观变化的驱动因素；β_0 为常项，表示自变量取值全是 0 时，比数的自然对数；β_i 为 Logistic 函数回归系数，表示变量 X_i 对 Y 或 logit（P）的影响大小。X_i 表示某种景观发生的概率，β_i 的绝对值越大，表明 X_i 对某种景观发生的概率影响愈明显[167]。

本书采用 Wald 统计量检验模型的回归系数。如果概率 P 值小于给定的显著性水平 α（$\alpha=0.05$），则应拒绝零假设，认为解释变量与概率之间的线性关系显著，应保留在方程中；反之，则会被剔除。对 Logistic 回归方程拟合度的检验选用 Homsmer-Lemeshow 指标（HL），当 HL 指标统计显著表示模型拟合不好。相反，当 HL 指标统计不显著表示模型拟合良好[168-170]。

3.4.3　景观组分变化驱动因子回归分析结果

在对第一阶段（1988—2004 年）和第二个阶段（2004—2016 年）石羊河流域景观组分变化的驱动因素研究中，耕地、林地、草地、水体、建设用地、冰川及永久性积雪用地、沙地和未利用地的 Hosmer-Lemeshow 指标，统计量检验的 P 值均大于 0.05，表明石羊河流域各景观组分变化的 Logistic 回归模型都很好地拟合了数据，具体见表 3-14。

（1）耕地景观变化驱动力分析

第一阶段（1988—2004 年），除坡度、第一产业产值占 GDP 比重外，其余驱动因素指标均通过 1% 水平的回归系数显著性检验，是此阶段耕地变化的主要影响因素，其影响程度从大到小依次为年降水量＞年均气温＞农业人口密度＞粮食总产量＞粮食播种面积＞年末大牲畜存栏数＞高程＞坡向＞人均地区生产总值＞耕地有效灌溉面积，其中年降水量、年均气温、坡度、坡向、第一产业产值 GDP 比重、土壤有机质含量、年末大牲畜存栏数、农业人口密度、粮食总产量、粮食播种面积为正向影响，其余指标为负向影响（表 3-14）。

第二阶段（2004—2016 年），除第二产业产值占 GDP 比重、综合城镇化率、粮食总产量三个解释变量外，其余解释变量回归系数均通过 1% 水平的回

表 3-14　各景观组分变化的 Logistic 回归模型相关系数

	解释变量	回归系数 B	标准误差 $S.E$	WaidX² 统计量	自由度 df	显著性水平 P	解释变量	回归系数 B	标准误差 $S.E$	WaidX² 统计量	自由度 df	显著性水平 P
	第一阶段（1988—2004 年）						第二阶段（2004—2016 年）					
耕地	X_1	0.268 8	0.156 8	14.231 0	1.000	0.001 1	X_1	0.143 4	0.102 3	13.269 4	1.000	0.000 0
	X_2	0.124 8	0.046 8	6.158 0	1.000	0.000 0	X_2	0.091 3	0.040 5	2.510 6	1.000	0.000 0
	X_3	-0.142 5	0.049 8	5.162 0	1.000	0.000 0	X_8	0.185 2	0.046 8	31.327 6	1.000	0.000 0
	X_4	0.121 1	0.012 5	10.172 0	1.000	0.054 3	X_9	0.125 8	0.072 6	3.458 2	1.000	0.000 3
	X_5	0.232 1	0.155 0	7.359 8	1.000	0.000 0	X_{10}	0.085 1	0.050 2	13.124 4	1.000	0.000 0
	X_6	0.208 1	0.115 1	3.254 7	1.000	0.000 0	X_{11}	0.024 5	0.006 5	1.029 5	1.000	0.074 2
	X_8	0.198 3	0.006 6	35.394 0	1.000	0.000 0	X_{12}	0.011 1	0.003 3	7.380 2	1.000	0.000 0
	X_9	-0.052 7	0.008 8	3.055 8	1.000	0.062 0	X_{16}	-0.116 4	0.104 8	21.035 7	1.000	0.040 5
	X_{10}	0.242 1	0.150 5	14.584 6	1.000	0.062 0	X_{18}	0.045 4	0.025 5	5.326 4	1.000	0.056 8
	X_{12}	-0.075 4	0.006 8	5.248 3	1.000	0.003 7	常量	12.612 4	0.485 5	18.165 8	1.000	0.000 5
	X_{17}	0.085 1	0.058 6	44.271 2	1.000	0.003 9						
	X_{18}	0.158 3	0.060 0	4.016 1	1.000	0.000 0						
	X_{19}	0.181 0	0.035 0	9.287 8	1.000	0.000 4						
	常量	6.725 5	0.856 6	12.549 1	1.000	0.002 2						

$HL=8.362\ 1$　$P=0.742$　　　　　　$HL=11.110\ 2$　$P=0.255$

（续）

第一阶段（1988—2004年）

	解释变量	回归系数 B	标准误差 S.E	WaidX² 统计量	自由度 df	显著性水平 P
林地	X₁	0.112 2	0.050 3	23.219 5	1.000 0	0.000 0
	X₃	0.102 8	0.098 6	8.516 5	1.000 0	0.000 0
	X₄	0.098 3	0.006 8	5.301 9	1.000 0	0.000 0
	X₆	−0.075 2	0.024 5	17.125 4	1.000 0	0.000 1
	X₁₇	−0.065 2	0.057 0	6.350 1	1.000 0	0.002 1
	X₁₉	−0.026 1	0.016 4	4.476 1	1.000 0	0.000 0
	常量	3.548 9	0.368 6	11.985 0	1.000 0	
			HL=6.524　P=0.203			
草地	X₁	0.097 8	0.065 2	7.245 1	1.000 0	0.000 0
	X₂	0.082 1	0.015 7	5.612 0	1.000 0	0.000 0
	X₃	−0.015 6	0.000 12	12.756 3	1.000 0	0.000 0
	X₄	0.047 1	0.021 4	3.260 1	1.000 0	0.000 0
	X₁₉	0.103 7	0.097 8	9.326 1	1.000 0	0.000 0
	常量	10.582 0	0.310 0	5.849 0	1.000 0	
			HL=7.521 4　P=0.541			

第二阶段（2004—2016年）

	解释变量	回归系数 B	标准误差 S.E	WaidX² 统计量	自由度 df	显著性水平 P
林地	X₁	0.085 4	0.046 5	21.364 1	1.000 0	0.000 0
	X₃	0.089 2	0.078 5	8.361 4	1.000 0	0.000 0
	X₄	0.087 4	0.048 1	5.568 0	1.000 0	0.003 7
	X₆	−0.108 1	0.042 3	15.294 5	1.000 0	0.000 0
	X₇	0.032 0	0.013 7	4.325 0	1.000 0	0.066 0
	X₈	−0.021 4	0.015 6	6.306 1	1.000 0	0.001 0
	X₉	−0.102 4	0.066 3	12.376	1.000 0	0.000 0
	X₁₂	0.014 1	0.005 6	2.562 7	1.000 0	0.060 1
	X₁₄	0.036 0	0.026 3	2.324 0	1.000 0	0.051 0
	X₁₅	0.018 5	0.006 7	9.012 2	1.000 0	0.000 0
	常量	7.145 2	0.552 0	28.690 7	1.000 0	0.000 0
			HL=8.574　P=0.115			
草地	X₁	0.052 2	0.022 0	13.905 6	1.000	0.000 0
	X₂	0.045 1	0.015 2	2.648 9	1.000	0.000 0
	X₃	−0.035 4	0.008 5	9.346	1.000	0.000 0
	X₄	0.014 1	0.071 5	7.631 5	1.000	0.000 0
	X₇	0.028 1	0.005 3	5.082 0	1.000	0.000 0
	X₉	−0.123 1	0.110 5	6.002 7	1.000	0.000 0
	X₁₀	−0.030 3	0.025 0	4.015 2	1.000	0.000 0
	X₁₁	0.028 6	0.018 1	1.206 8	1.000	0.052 1
	X₁₇	−0.042 5	0.024 5	12.621 4	1.000	0.000 0
	常量	6.548 9	0.152 5	26.321 1	1.000	0.000 0
			HL=9.340 2　P=0.186			

（续）

水体

第一阶段（1988—2004 年）

解释变量	回归系数 B	标准误差 S.E	WaldX² 统计量	自由度 df	显著性水平 P
X_6	-0.025 6	0.015 7	2.356 4	1.000	0.071 0
X_8	0.128 7	0.102 3	11.325 0	1.000	0.000 0
X_9	0.101 0	0.035 4	35.032 7	1.000	0.000 0
X_{17}	0.082 1	0.056 1	26.281 1	1.000	0.000 0
X_{19}	0.076 2	0.040 2	12.130 8	1.000	0.000 0
常量	16.245 1	0.521 4	2.083 6	1.000	0.000 0

$HL=2.442\ 1$　$P=0.112$

第二阶段（2004—2016 年）

解释变量	回归系数 B	标准误差 S.E	WaldX² 统计量	自由度 df	显著性水平 P
X_8	0.135 4	0.126 6	10.609 2	1.000	0.000 0
X_9	0.098 8	0.083 4	34.560 8	1.000	0.000 0
X_{11}	0.031 1	0.030 6	14.951 0	1.000	0.000 0
X_{13}	0.126 4	0.112 3	7.097 3	1.000	0.000 0
X_{17}	0.080 8	0.032 2	25.612 0	1.000	0.000 0
X_{18}	0.032 1	0.325 7	8.834 2	1.000	0.051 0
常量	7.133 5	0.356 5	5.382 0	1.000	0.000 0

$HL=5.341\ 5$　$P=0.061$

建设用地

第一阶段（1988—2004 年）

解释变量	回归系数 B	标准误差 S.E	WaldX² 统计量	自由度 df	显著性水平 P
X_7	0.102 0	0.094 8	13.253 6	1.000	0.000 0
X_{11}	0.094 1	0.084 6	7.206 2	1.000	0.000 0
X_{12}	0.085 2	0.053 7	4.216 4	1.000	0.063 7
X_{13}	0.152 0	0.142 3	18.650 6	1.000	0.000 0
X_{14}	0.132 5	0.084 1	31.577 8	1.000	0.055 5
X_{15}	0.157 3	0.057 1	45.263 2	1.000	0.000 0
X_{21}	0.057 2	0.042 3	152.822 6	1.000	0.000 0
常量	18.065 4	0.558 4	45.056 8		

$HL=6.32$　$P=0.085$

第二阶段（2004—2016 年）

解释变量	回归系数 B	标准误差 S.E	WaldX² 统计量	自由度 df	显著性水平 P
X_7	0.095 4	0.002 1	15.022 3	1.000	0.000 0
X_8	0.065 8	0.045 2	13.272 3	1.000	0.000 0
X_{11}	0.074 0	0.023 6	8.605 6	1.000	0.000 0
X_{12}	0.025 8	0.020 3	4.126 3	1.000	0.061 3
X_{13}	0.102 0	0.053 0	18.215 1	1.000	0.000 0
X_{14}	0.085 2	0.023 6	27.759 0	1.000	0.000 0
X_{15}	0.065 1	0.020 1	38.235 5	1.000	0.000 0
X_{16}	0.100 1	0.075 0	1.514 9	1.000	0.000 0
X_{21}	0.122 4	0.050 5	96.055 8	1.000	0.000 0
常量	12.630 3	0.522 4	29.102 0	1.000	0.000 0

$HL=9.305\ 7$　$P=0.105$

（续）

第一阶段（1988—2004年）

类型	解释变量	回归系数 B	标准误差 S.E	WaldX² 统计量	自由度 df	显著性水平 P
冰川及永久性积雪用地	X_3	−0.038 6	0.025 8	21.356 1	1.000	0.000 0
	X_4	0.025 4	0.006 5	13.321 5	1.000	0.000 0
	X_{12}	0.015 5	0.003 0	7.320 2	1.000	0.000 0
	常量	6.030 5	0.021 1	5.315 2	1.000	0.000 0
	HL=9.02　P=0.637					
沙地	X_1	0.052 8	0.015 5	12.356 6	1.000	0.000 0
	X_8	−0.068 4	0.050 6	4.321 4	1.000	0.000 0
	X_{10}	−0.027 3	0.005 5	2.313 5	1.000	0.000 0
	X_{11}	0.331 4	0.256 2	3.327 5	1.000	0.000 0
	常量	5.049 3	0.312 5	5.3C0 5	1.000	0.000 0
	HL=6.660 3　P=0.507					

第二阶段（2004—2016年）

类型	解释变量	回归系数 B	标准误差 S.E	WaldX² 统计量	自由度 df	显著性水平 P
冰川及永久性积雪用地	X_1	0.007 5	0.000 3	2.305 6	1.000	0.000 0
	X_2	0.010 2	0.056 1	3.314 0	1.000	0.000 0
	X_3	−0.025 0	0.015 5	22.314 6	1.000	0.000 0
	X_5	0.012 4	0.010 5	13.214 5	1.000	0.000 0
	X_{11}	0.032 8	0.030	15.325 0	1.000	0.000 0
	X_{12}	0.031 7	0.014 6	7.042 5	1.000	0.000 0
	X_{13}	0.025 6	0.011 2	9.021 4	1.000	0.000 0
	常量	4.201 3	0.541 2	6.324 0	1.000	0.000 0
	HL=13.425 1　P=0.105					
沙地	X_1	0.034 5	0.026 5	15.011 2	1.000	0.000 0
	X_2	0.025 6	0.013 3	4.212 6	1.000	0.060 1
	X_8	−0.045 5	0.035 2	2.325 9	1.000	0.000 0
	X_9	0.014 5	0.008 2	5.689 1	1.000	0.000 0
	X_{10}	−0.054 1	0.015 9	7.035 9	1.000	0.000 0
	X_{11}	0.066 2	0.032 5	2.345 8	1.000	0.000 0
	X_{13}	0.012 5	0.003 1	3.786 4	1.000	0.000 0
	常量	8.058 8	0.332 1	8.325 5	1.000	0.000 0
	HL=9.845 7　P=0.211					

（续）

解释变量	回归系数 B	标准误差 S.E	WaidX² 统计量	自由度 df	显著性水平 P	解释变量	回归系数 B	标准误差 S.E	WaidX² 统计量	自由度 df	显著性水平 P
	第一阶段（1988—2004年）						第二阶段（2004—2016年）				
X_1	0.014 8	0.010 2	2.359 8	1.000	0.000 0	X_3	-0.010 1	0.000 4	2.221 5	1.000	0.000 0
X_3	-0.012 4	0.001 4	1.324 4	1.000	0.000 0	X_4	-0.005 2	0.002 2	4.628 6	1.000	0.000 0
X_4	-0.014 0	0.002 2	4.501 8	1.000	0.000 0	X_5	0.001 1	0.000 2	2.350 4	1.000	0.000 0
X_6	0.025 5	0.019 0	4.125 9	1.000	0.000 0	X_6	0.015 9	0.007 1	1.255 9	1.000	0.000 0
X_8	0.036 7	0.018 3	7.312 7	1.000	0.000 0	常量	3.024 5	0.145 8	3.325 6	1.000	0.000 0
X_{10}	0.025 4	0.020 3	4.218 5	1.000	0.000 0						
X_{17}	0.008 7	0.000 5	1.125 4	1.000	0.000 0						
常量	3.029 8	0.842 3	3.201 6	1.000	0.000 0						

未利用地

$HL=9.152\ 6\quad P=0.661$

$HL=12.3\quad P=0.102$

归系数显著性检验，对耕地景观格局变化的影响程度从大到小依次为农业人口密度＞年降水量＞耕地有效灌溉面积＞综合城镇化率＞年均气温＞第一产业产值占 GDP 比重＞人均地区生产总值，除综合城镇化率外，全都与耕地变化呈正相关。

由两阶段驱动指标可知，只有人均地区生产总值、农业人口密度、年降水量、耕地有效灌溉面积和年均气温 5 个指标相同，才能表明自然因素、人口状况和科技水平是 1988—2016 年耕地变化的主要驱动因素。

（2）林地景观变化驱动力分析

第一阶段（1988—2004 年），所有驱动因素指标均通过 1‰水平的显著性检验，是此阶段林地变化的主要影响因素，其影响程度从大到小依次为年降水量＞高程＞坡度＞土壤有机质含量＞粮食播种面积＞年末大牲畜存栏数，其中年降水量、高程、坡度为正向影响，粮食播种面积、年末大牲畜存栏数、土壤有机质含量为负向影响（表 3-14）。

第二阶段（2004—2016 年），非农业人口数量、地方财政收入、人均地区生产总值 3 个解释变量回归系数均未通过 5‰水平的显著性检验，其余解释变量回归系数均通过 1‰水平的显著性检验，对林地景观格局变化的影响程度从大到小为土壤有机质含量＞耕地有效灌溉面积＞高程＞坡度＞年降水量＞农业人口密度＞全社会固定资产投资，除土壤有机质含量、农业人口密度、耕地有效灌溉面积外全都与林地变化呈正相关。

由两阶段驱动指标可知，只有年降水量、高程、坡度、土壤有机质含量 4 个指标相同，才能表明自然因素中的气候、地形和土壤是 1988—2016 年林地变化的主要驱动因素。

（3）草地变化驱动力分析

第一阶段（1988—2004 年），所有驱动因素指标均通过 1‰水平的显著性检验，是此阶段草地景观变化的主要影响因素，其影响程度从大到小为年末大牲畜存栏数＞年降水量＞坡度＞年均气温＞高程，其中高程为负向影响，其余指标为正向影响（表 3-14）。

第二阶段（2004—2016 年），第二产业产值占 GDP 比重的回归系数未通过 5‰水平的显著性检验，表明第二产业产值占 GDP 比重对草地没有影响；其余解释变量回归系数均通过 1‰水平的显著性检验，对草地景观格局变化的影响程度从大到小为耕地有效灌溉面积＞年降水量＞年均气温＞粮食播种面积＞高程＞第一产业产值占 GDP 比重＞非农业人口数量＞坡度，其中年降水量、年均气温、坡度、非农业人口数量、第二产业产值占 GDP 比重与草地变化呈正相关，其余指标呈负相关。

由两阶段驱动指标可知，只有年降水量、年均气温、高程、坡度4个指标相同，才能表明自然因素中的气候、地形是1988—2016年草地变化的主要驱动因素。

（4）水体变化驱动力分析

第一阶段（1988—2004年），在自变量回归系数显著性水平检验中，土壤有机质含量未通过5%水平的显著性检验，表明水体景观变化不受其影响。其余驱动因素指标均通过1%水平的显著性检验，是此阶段水体景观变化的主要影响因素，其影响程度从大到小为农业人口密度＞耕地有效灌溉面积＞粮食播种面积＞年末大牲畜存栏数，除土壤有机质含量外其余指标全为正向影响（表3-14）。

第二阶段（2004—2016年），粮食总产量回归系数均未通过5%水平的显著性检验，表明对水体景观没有影响；其余解释变量回归系数均通过1%水平的显著性检验，对水体景观格局变化的影响程度从大到小为农业人口密度＞经济密度＞耕地有效灌溉面积＞粮食播种面积＞第二产业产值占GDP比重，全都与水体景观格局变化呈正相关。

由两阶段驱动指标可知，只有农业人口密度、耕地有效灌溉面积、粮食播种面积3个指标相同，才能表明农业生产、科技水平与人口发展因素是1988—2016年水体变化的主要驱动因素。

（5）建设用地变化驱动力分析

第一阶段（1988—2004年），在自变量回归系数显著性水平检验中，人均地区生产总值、地方财政收入未通过5%水平的显著性检验，表明建设用地景观变化不受其影响。其余驱动因子指标均通过1%水平的显著性检验，是此阶段建设用地景观变化的主要影响因素，其影响程度从大到小为全社会固定资产投资＞经济密度＞非农业人口数量＞第二产业产值占GDP比重＞城镇居民人均可支配收入，全部指标为正向影响（表3-14）。

第二阶段（2004—2016年），人均地区生产总值回归系数未通过5%水平的显著性检验，表明这些驱动因素对建设用地景观没有影响；其余解释变量回归系数均通过1%水平的显著性检验，对建设用地景观格局变化的影响程度从大到小为城镇居民人均可支配收入＞经济密度＞综合城镇化率＞非农业人口数量＞地方财政收入＞第二产业产值占GDP比重＞农业人口密度＞全社会固定资产投资，全都与建设用地景观格局变化呈正相关。

由两阶段驱动指标可知，只有全社会固定资产投资、经济密度、非农业人口、第二产业产值占 GDP 比重、城镇居民人均可支配收入 5 个指标相同，才能表明人口状况、生活水平和经济发展因素是 1988—2016 年建设用地变化的主要驱动因子。

（6）冰川及永久积雪用地变化驱动力分析

第一阶段（1988—2004 年），在自变量回归系数显著性水平检验中，所有因素指标均通过 1% 水平的显著性检验，是此阶段冰川及永久积雪用地景观变化的主要影响因素，其影响程度从大到小为高程＞坡向＞人均地区生产总值，其中人均地区生产总值、坡向为正向影响，高程为负向影响（表 3-14）。

第二阶段（2004—2016 年），所有因素均通过 1% 水平的显著性检验，对冰川及永久积雪用地景观格局变化的影响程度从大到小为第二产业产值占 GDP 比重＞人均地区生产总值＞经济密度＞高程＞坡向＞年均气温＞年降水量，除高程外全都与冰川及永久积雪用地景观格局变化呈正相关。

由两阶段驱动指标可知，只有人均地区生产总值、高程、坡向 3 个指标相同，才能表明经济发展和自然因素是 1988—2016 年冰川及永久积雪用地变化的主要驱动因素。

（7）沙地变化驱动力分析

第一阶段（1988—2004 年），所有驱动因素指标均通过 1% 水平的显著性检验，是此阶段沙地变化的主要影响因素，其影响程度从大到小为农业人口密度＞年降水量＞第二产业产值占 GDP 比重＞第一产业产值占 GDP 比重，除农业人口密度、第一产业产值占 GDP 比重外，剩余指标为正向影响（表 3-14）。

第二阶段（2004—2016 年），年均气温 1 个解释变量回归系数均未通过 5% 水平的显著性检验，表明这个驱动因素对沙地没有影响；其余解释变量回归系数均通过 1% 水平的显著性检验，对沙地景观格局变化的影响程度从大到小为第二产业产值占 GDP 比重＞第一产业产值占 GDP 比重＞农业人口密度＞年降水量＞耕地有效灌溉面积＞经济密度，除农业人口密度、第一产业产值占 GDP 比重外，剩余指标与沙地正向影响。

由两阶段驱动指标可知，只有第二产业产值占 GDP 比重、第一产业产值占 GDP 比重、农业人口密度、年降水量 4 个指标相同，因此，排前两位的指标是第二产业产值占 GDP 比重和第一产业产值占 GDP 比重，表明科技水平是 1988—2016 年沙地变化的主要驱动因素。

（8）未利用地变化驱动力分析

第一阶段（1988—2004 年），所有驱动因素指标均通过 1% 水平的显著性检验，是此阶段耕地景观变化的主要影响因素，其影响程度从大到小为农业人口密度＞土壤有机质含量＞第一产业产值占 GDP 比重＞年降水量＞坡度＞粮食总产量＞高程，其中坡度、高程为负向影响，其余指标为正向影响（表 3-14）。

第二阶段（2004—2016 年），所有解释变量回归系数均通过 1‰水平的显著性检验，对耕地景观格局变化的影响程度从大到小为土壤有机质含量＞高程＞坡度＞坡向，除高程和坡度外，其余与未利用地景观格局变化呈正相关。

由两阶段驱动指标可知，只有土壤有机质含量、高程、坡度 3 个指标相同，才能表明自然因素是 1988—2016 年未利用地景观变化的主要驱动因素。

3.5　本章小结

（1）从景观数量、结构和形状分布可知石羊河流域在研究期内人类活动明显，景观越来越缺乏异质性，尤其是耕地、林地、水体、建设用地、冰川及永久性积雪用地都存在破碎化现象，而草地、沙地和未利用地向规模化发展。从景观结构分布来看建设用地、冰川及永久积雪用地、未利用地景观分布较紧密；草地和水体分散分布，耕地、林地和沙地处于两者间。从景观形状分布来看耕地、建设用地和冰川及永久积雪用地边缘趋向复杂，未利用地、林地、草地、水体和沙地边缘趋于规整。

（2）1988—2016 年石羊河流域景观组分综合动态度为 0.44‰/年，呈 V 形发展。景观组分单一动态度表现为：建设用地＞沙地＞耕地＞草地＞冰川及永久积雪＞林地＞未利用地＞水体，其中增加最快的是建设用地，减少最快的是水体。研究期内建设用地、沙地、耕地、草地变化速率呈增加状态，而冰川及永久积雪用地、林地、未利用地、水域呈减少状态。

（3）1988—2016 年间景观组分空间迁移距离从大到小依次是：建设用地＞沙地＞未利用地＞水体＞草地＞林地＞耕地＞冰川及永久积雪用地，其中建设用地、沙地、未利用地、水体、耕地、冰川及永久积雪用地朝向南方向迁移，而草地和林地向北方向迁移。

（4）29 年间石羊河流域景观组分转化面积最多的是水体转置为耕地。其中耕地的增加主要来源水体和未利用地的减少，林地的减少主要来源沙地和未利用地的增加，草地的增加主要来源于建设用地和林地的减少，建设用地的增加主要来源于耕地的减少，水体减少来源耕地和未利用地的增加，未利用地减少是因为耕地和沙地的增加。

（5）石羊河流域 1988—2016 年间耕地主要受自然因素（年降水量和年均气温）、人口状况（农业人口密度、耕地有效灌溉面积）和生活水平（人均地

区生产总值）驱动。林地主要受自然因素中的气候、地形和土壤驱动。草地主
要受自然因素中的气候和地形驱动。水体主要受人口状况（农业人口密度）、
农业生产（粮食播种面积）与人口状况（耕地有效灌溉面积）因素驱动。建设
用地景观格局变化主要受人口状况（非农业人口数量）、生活水平（城镇居民
人均可支配收入）和经济发展（全社会固定资产投资、经济密度）因素驱动。
冰川及永久积雪用地主要受经济发展（人均地区生产总值）和自然因素（高
程、坡向）驱动。沙地主要受科技水平（第二产业产值占 GDP 比重和第一产
业产值占 GDP 比重）驱动。未利用地主要受自然因素（土壤有机质含量、高
程、坡度）驱动。

第 4 章　石羊河流域景观格局变化动态模拟与分析

4.1　研究方案

第 3 章对石羊河流域各景观格局现状、特征和驱动因素进行了研究，揭示了景观生态变化的过程，也反映了石羊河流域的整体生态状况。针对祁连山生态环境恶化、西北生态屏障区的构建和提升，必须搞清楚石羊河流域目前的生态状况，以及未来生态环境的发展方向，才能制定符合实际区域发展的修复和治理策略。因此，本章对石羊河流域 2022 年和 2028 年的景观格局变化模拟设计了研究方案。

首先，构建 CA-Markov 模型模拟 2016 年的景观生态图，通过数量精度和空间精度对石羊河流域 2016 年的景观组分结构现状和模拟结构进行检验。其次，在通过精度及检验基础上，模拟 2022 年、2028 年景观生态图，并对景观组分结构进行分析，引入信息熵、均衡度、优势度分析，对其景观组分结构之间的关系进行分析。最后，利用相关性分析选取斑块个数（NP）、平均斑块面积（MPS）、分维度（D）、边缘密度（ED）、斑块密度（PD）、散布与并列指数（IJI）、蔓延度指数（CONTAG）、聚集度指数（AI）、香农多样性指数（SHDI）和香农均匀度指数（SHEI）10 个指标构建景观格局指标体系，利用景观破碎度、景观形状和景观多样性对石羊河流域的景观组分、特征和生态属性进行表征，来揭示 2022 年、2028 年的景观格局变化特征，并归纳 1988—2028 年景观格局变化的规律。

4.2　CA-Markov 模型

4.2.1　CA 模型简介

20 世纪 40 年代美国科学家 Stanislaw Ulam 提出的元胞自动机（CA）模型，是研究非线性动力系统呈现离散状态的重要工具，特征表现为局部空间相互作用或者时间因果联系，主要研究在某种环境作用下系统自身的演化过程以及自我复制系统的演化[171]。同时，某种程度上也被认为是一个在时间和空间上均无后效性的马尔可夫模型的研究方法[172]。该模型后来在 Von Neumann[173]和 Wolfram[174]等学者的研究下被运用于其他学科领域。

元胞模型由元胞、元胞空间、元胞状态、邻域状态以及转换规则和离散时间组成[175]，如图 4-1 所示。元胞自动机的建模是关键，而建模的核心是转换规则的建立。元胞自动机采用局部相互作用转换规则，在时间、空间和对象状态上都表现为离散的形式，借助强大的演算建模能力，可模拟和分析复杂时空演变过程，最终产生整体的自我复制构型[176]。元胞自动机模型利用强大的转换规律来计算研究对象的变化，然后可以模拟出特定区域的研究对象的发展态势[177]。

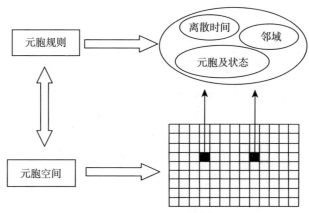

图 4-1　CA 的构成[178]

4.2.2　Markov 模型简介

任一时刻 $t_n (n=1, 2, \cdots)$ 的采样为 $X_n = X_{t(n)}$，其可能取的状态为 a_1，a_2，$\cdots$，a_n 之一，其过程只在 t_1，$\cdots$，t_n，$\cdots$可列时刻发生状态转移。此时，若过程 $X(t)$ 在 t_{m+k} 时刻变成任一状态 a_i （$i=1, 2, 3, \cdots, N$）的概率，只与过程在 t_m 时刻的状态有关，而与过程在 t_m 之前的状态无关，即满足：

$$P\{X_{m+k}=a_{im+k} \mid X_m=a_{im-1}\cdots, X_j=a_{ij}\}=P\{X_{m+k}=a_{im+k} \mid X_m=a_{im}\}$$

$$(4-1)$$

则称该过程为马尔可夫链[178-181]，或简称马氏链，式 a_{ij} （$j=m+k, m, \cdots1$）为状态 a_1，a_2，$\cdots$，a_n 之一假设的状态概率表示为：

$$p_i(n)=P(X_n=a_i) \qquad (4-2)$$

由状态 $p_i(n)$ 构成的列阵 $\boldsymbol{p}(n) = [p_1(n)\ p_2(n), \cdots, p_N(n)]^T$ 给出了 x_n 可能状态的概率分布列，验证的各元素之和为 1，即：

$$\sum_{j=1}^{n} p_j(n) = 1 \tag{4-3}$$

马尔可夫链是一个重要的统计描述，是状态转移概率。我们称马尔可夫链在时刻 t_s 位于 a_i 的条件下，在时刻 t_n 到达 a_j 的条件概率为状态转移概率[182]，记为 $P_\xi(s, n)$，即：

$$P_\xi(n) = \{X_n = a_j \,|\, X_i = a_i\} \tag{4-4}$$

根据全概率公式，有

$$\begin{aligned}
P_j(n) &= \sum_{i=1}^{N} P\{X_n - a_j \,|\, X_s = a_t\} \\
&= \sum_{i=1}^{N} P\{X_n = a_j \,|\, X_s = a_i\} P\{X_s \,|\, a_i\} \\
&= \sum_{i=1}^{N} P_\xi(s, n) p_i(s)
\end{aligned} \tag{4-5}$$

$$\sum_{i=1}^{N} P_\xi(s, n) = \sum_{j=1}^{N} P\{X_n = a_j \,|\, X_s = a_s\} = 1 \tag{4-6}$$

$$\boldsymbol{P}(s, n) = \left\{\begin{array}{l}
p_{11}(s,n), p_{12}(s,n), \cdots, p_{1N}(s,n) \\
p_{21}(s,n), p_{22}(s,n), \cdots, p_{2N}(s,n) \\
\cdots \\
p_{N1}(s,n), p_{N2}(s,n), \cdots, p_{NN}(s,n)
\end{array}\right\} \tag{4-7}$$

4.2.3　CA 与 Markov 模型结合的优势

CA 和 Markov 模型都可以被应用于景观变化的模拟，但是两者都具有一定的局限性[183]。其中元胞自动机模型模拟的精度的关键受限于转换规则构建的准确性，尤其是模拟复杂系统，在转换规则模拟局部空间的相互作用上缺乏宏观上的制约[184]。Markov 模型，首先，它的转移概率没有空间变量，无法得知各景观组分在空间上的变化程度，因此难以预测景观组分的空间变化。其次，Markov 模型是由过去的景观组分以及转移矩阵来模拟并分析未来的变化趋势，要求过去和未来的驱动力是相同的，然而景观变化的影响因素是时刻变化的。最后，它只能从宏观上模拟不同景观组分在未来的转换状况，对空间分布欠考虑，造成的空间误差也较大[185-186]。因此，为弥补各自的不足，从而改善预测结果，还能从空间上表达未来景观的变化，将 CA 和 Markov 两个模型结合起来，CA 模型能够模拟复杂的景观组分动态演化，Markov 模型擅长数据操作，两者结合以期获取精度较高的模拟效果。

4.2.4　CA-Markov 结合模型在 GIS 平台下的集成和实现

1987 年，美国克拉克大学的克拉克实验室开发了处理 Idrisi 软件，它是一款集合了地理信息系统（GIS）和图像处理的综合型软件。Idrisi 软件功能的实现依靠的是 GIS 平台的二次开发，该软件的优势功能在于提供的 250 多个模块能有效地显示、处理和分析各种数字化的空间信息[187]。由于该模型强大的数据处理功能，最新开发的土地利用变化模型工具，有效集成了土地覆被变化、模拟与预测、景观格局变化及过程、生物多样性分析等功能，而且 Idrisi Andes 15.0 更是首次将 CA 模型内嵌到程序之中，并与 Markov 模型结合形成 CA-Markov 模型[187]。CA-Markov 模型，通过各种空间分析将景观变化的驱动因素集成到该模型当中，实现景观组分转换规则的精确挖掘[188]。综上，本章选取 CA-Markov 模型开展石羊河流域未来景观模拟变化研究。

4.2.5　CA-Markov 模型模拟预测步骤

（1）数据准备和格式转换

首先将需要年份的数据在 MapGIS、ArcGIS 中转换成 ASCII 码格式，然后生成 Raster 文件[189]。

（2）确定预测年份

由于 CA-Markov 模型的 3 个年份之间的间隔应该是相等的，因此，以 2010 年、2016 年的景观格局为起始时刻，来预测 2022 年和 2028 年的景观格局。

（3）空间叠置分析

将 2010 年、2016 年图像进行叠置分析，得到景观组分转移矩阵、景观组分转移概率矩阵和一系列的条件概率图像，这些图像分别代表每个栅格细胞在下一时刻转变为某景观组分的概率。

（4）创建转变适宜性图像集

转变适宜性图像集是 CA 转换规则的重要组成部分。每一元胞转化为其他状态的难易程度可用式（4-8）计算[190]：

$$TR_i = I_i + |D_i| + V_i \qquad (4-8)$$

式（4-8）中：TR_i 代表元胞的转变适宜性；i 为景观组分；I_i、D_i 分别

是 i 景观组分在研究时段内的面积增加和减少量，$I_i +|D_i|$ 代表了该景观组分的基本变化能力；V_i 是对不同时期景观变化驱动力差异的定量化，用于修正基本变化能力。

（5）构造 CA 滤波器

根据邻距元胞的远近而创建的具有显著空间意义的权重因素，使其作用于元胞，进而确定元胞的状态如何改变[191]。

（6）确定循环次数

如确定预测年份所示。

4.3　适宜性划定范围

在对石羊河流域未来的 6～12 年进行景观模拟之前，需要针对流域各景观的适宜性条件进行设定，根据上章对景观组分变化驱动力的研究，套合的图与本书研究的驱动力一致，即套合图已经考虑了驱动因素，因此，本书直接使用进行套合，在适宜性设计时综合了影响因素。

（1）耕地适宜性

由于我国的西部大开发战略中明确了对生态环境的保护，在退耕还林计划中要求坡度大于 25°的区域种植林木，因此对于坡度大于 25°的区域禁止耕地开发，实行林草种植。同时，套合武威市、金昌市、张掖市、白银市域或县域的永久性基本农田划定范围。

（2）林草地适宜性

对于坡地大于 25°以上的区域，全部实行退耕还林还草工程，套合祁连山自然保护区生态屏障建设规划和三北防护林建设规划，划定南部祁连山区和北部荒漠区的林草用地范围。

（3）建设用地适宜性

本研究中的建设用地根据土地利用总体规划（2006—2020 年）和 2014 年的调整规划中划定的允许建设区和有条件建设区为规划蓝本，划定建设用地范围。

（4）水体适宜性

石羊河流域自东向西由大靖河、古浪河、黄羊河、杂木河、金塔河、西营河、东大河、西大河等组成。上游水资源丰富，是流域水资源的涵养地，下游有白亭海、青土湖均在水域划定范围内。

4.4　CA-Markov 模型的构建

4.4.1　模型相关参数的确定

综合考虑石羊河流域面积大小、所使用的遥感影像分辨率、格网的数据结构和前文论述的最佳尺度及 CA-Markov 模型运行的速度，元胞大小设置为（30×30）平方米。模拟预测是用 2010 年和 2016 年的景观格局图作为数据源，研究对象为耕地、林地、草地和水体等 8 种景观组分，生成的转换图件概率图，用 2010 年景观生态现状图为基础来对 2016 年景观生态图进行模拟预测，经过模拟预测结果与 2010 年真实的景观生态图进行比照，以此来检验模型的精度，循环次数定为 6，最终确定模拟预测的目标年是 2022 年和 2028 年。

4.4.2　CA-Markov 模拟精度及检验

CA-Markov 模型模拟前必须对模拟精度进行验证。模型检验包括两方面：一是进行数量精度检验，二是进行空间精度检验。

（1）数量精度检验

本研究中，采用公式（4-9）对 CA-Markov 模型预测的数量精度进行检验[192]。该检验公式如下：

$$a = \frac{x_{im} - x_{in}}{x_{in}} \times 100\% \qquad (4-9)$$

式（4-9）中，a 表示用地组分 i 的误差精度，x_{im} 和 x_{in} 分别代表用地组分 i 的预测面积和实际面积。误差精度 a 的绝对值越小，则预测精度越高；预测面积＞实际面积，该值为正，否则相反。

（2）空间精度检验

空间精度检验由空间精度的检验景观生态预测图与该年份实际的景观生态图进行叠加得出[193]，采用式（4-10）进行空间检验，公式如下：

$$b = \frac{|(c_{iy} - c_{it}) + (c_{ix} - c_{it})|}{c_{ix}} \times 100\% \qquad (4-10)$$

式（4-10）中，b 表示用地组分 i 的空间误差精度，C_{ix} 和 C_{iy} 分别表示实际和模拟的景观图中 i 类用地组分的栅格细胞数，C_{it} 表示 C_{ix} 和 C_{iy} 各栅格细胞所处位置重合部分中景观组分 i 的栅格细胞数。b 绝对值越小，则预测空间精度越高。

4.5 石羊河流域未来景观格局模拟与分析

4.5.1 模拟误差分析

利用 CA-Markov 模型以石羊河流域 2004 年、2010 年的景观生态图和数据库为基础，来模拟 2016 年景观生态图，以及 2016 年各个景观组分的变化。在此基础上，利用 CA-Markov 模型对 2016 年的景观生态模拟图进行数量、空间精度检验。2016 年石羊河流域景观变化模拟精度检验的实际面积、预测面积、数量误差、空间误差，具体见表 4-1。

表 4-1 石羊河流域 2016 年景观组分模拟精度检验

景观组分	实际面积（平方千米）	预测面积（平方千米）	数量误差	空间误差
耕地	6 210.00	6 332.61	1.97	3.65
林地	3 845.00	3 725.10	−3.12	2.03
草地	12 854.45	12 542.24	−2.43	2.41
水体	180.20	178.98	−0.68	1.74
建设用地	382.85	382.35	−0.91	5.15
冰川及永久积雪用地	39.80	36.51	−8.27	8.44
沙地	8 402.00	8 621.00	2.61	4.41
未利用地	9 685.70	9 781.21	1.02	5.79
合计	41 600.00	41 600.00	—	—

由表 4-1 可知，林地、草地、水体和冰川及永久性积雪用地和建设用地实际面积大于预测面积，而耕地、沙地和未利用地实际面积小于预测面积，说明生态功能较高的用地实际增长速度更加迅速，主要源于退耕还林还草工程以及下游输水工程的实施，以及各种生态屏障的建设，同时对生态功能较低的用地进行复垦，关闭废旧的矿区，走内涵式挖潜策略。

在模拟中，根据精度检验发现 CA-Markov 模型可以很好地模拟出景观组分演化趋势，数量精度、空间模拟精度也都达到 90% 以上。以上预测结果符合实际发展规划，说明 CA-Markov 模型对石羊河流域 2016 年的景观生态模拟结果有效，能良好地反映 2022 年和 2028 年的景观组分变化状况。

4.5.2 未来景观结构模拟分析

（1）结构变化分析

通过研究区域模拟误差分析，通过检验后，对石羊河流域 2022 年、2028

年的景观组分变化分别进行模拟，模拟结果见表 4-2。

表 4-2　石羊河流域 2022、2028 年景观组分结构变化预测

景观组分	2022 年预测面积（平方千米）	占总面积比例（%）	2028 年预测面积（平方千米）	占总面积比例（%）
耕地	6 328.17	15.21	6 431.04	15.46
林地	4 122.52	9.91	4 541.34	10.92
草地	13 442.22	32.31	13 974.47	33.59
水体	192.53	0.46	200.08	0.48
建设	376.54	0.91	340.20	0.82
冰川及永久积雪用地	37.60	0.09	36.80	0.09
沙地	8 481.31	20.39	8 500.31	20.43
未利用地	8 619.11	20.72	7 575.76	18.21

从表 4-2 可知石羊河流域 2022 年、2028 年的各景观组分面积的变化状况，具体表现为：①2022 年和 2028 年耕地面积在 2016 年的基础上分别增加了 118 平方千米、221 平方千米，说明国家政策优先保护耕地资源，随着人口的增加划定目标年耕地保有量。②林地面积在 2010—2016 年减少了 474.8 平方千米，在 2016—2022 年和 2022—2028 年分别增加了 277 平方千米和 696 平方千米，说明前期开发建设过程中，林地被占用比较严重，后期通过一系列的措施使林地面积恢复并显著增加。③草地面积在 2017—2028 年增加了 1 120 平方千米，说明生态安全屏障建设中，草地起到了很好的防风固沙、调节区域气候的作用，国家很重视对草地资源的建设开发。④水体面积在 2010—2016 年和 2017—2028 年分别增加了 1.4 平方千米和 19.80 平方千米，国家持续性地减少农业用水残留，保证下游生态用水的质量。⑤建设用地面积在 2017—2028 年在模拟期内减少了 42 平方千米，主要是国家控制建设用地面积，对不在建设范围内的旧矿、闲置居民点、空心村进行复垦，提升建设用地容积率。⑥冰川及永久积雪用地面积在 2010—2016 年和 2017—2028 年分别减少了 1.31 平方千米和 3 平方千米，冰川及永久积雪用地面积减少主要是受全球变暖的影响，只能调节气候减缓消融速度。⑦沙地面积在模拟期内增加了 98 平方千米，但增加速度明显减缓，主要是自然条件恶劣，灾害天气频发，土壤仍旧会受沙化侵蚀，但政府采取的相关措施抑制了土地的沙化速度。⑧未利用地面积在 2017—2028 年和模拟期内减少了 2 110 平方千米，主要原因是未利用地转化为其他组分景观，使其他用途景观面积增加。

总体来说，2022 年和 2028 年耕地、林地、草地、水体、沙地景观组分增加，而建设用地、冰川及永久积雪用地、未利用地景观组分则减少。这个研究结果与国家大体方针一致，即保障粮食安全，进一步提升生态脆弱区生态文明建设，增加生态功能高的景观用地，走内涵式发展策略。

（2）信息熵、均衡度、优势度分析

本书借用土地利用结构的信息熵来研究景观组分结构的信息熵[194]。假定一个研究区域景观总面积为 S，该区域的景观组分为 m 种，各景观组分占景观总面积的比例为 P_i，则景观组分结构的信息熵（H）函数为：

$$H = -\sum_{i=1}^{m} (p_i)\ln(p_i) \qquad (4-11)$$

信息熵高低反映用地结构均衡程度，熵值越高，景观分布越均衡，景观组分发育越成熟。为避免研究区域不同发展阶段可能有不同的土地职能数，景观组分结构的信息熵缺乏可比性等问题，引入景观均衡度（E）：

$$E = -\sum_{i=1}^{m} [(p_i)\ln(p_i)]/\ln m \qquad (4-12)$$

则 E 的取值在（0，1）之间。当 $E=0$ 时，区域用地处于最不均衡状态，E 值越大，区域用地均质性越强。

优势度（D）反映区域内一种或几种用地组分支配该区域景观组分的程度，与均衡度意义相反。

$$D = 1 - E \qquad (4-13)$$

借助信息熵函数得到石羊河流域 1988 年、1995 年、2004 年、2010 年、2016 年、2022 年和 2028 年的景观组分结构的信息熵、均衡度和优势度之间的关系，具体情形如图 4-2 所示。

从石羊河流域 1988—2016 年和 2017—2028 年模拟的景观结构的信息熵、均衡度和优势度可知变化不大。信息熵从 1988 年的 1.580 6 增加到 1995 年的 1.627 9，再从 1995 年的 1.627 9 下降到 2010 年的 1.602 5，最后递增到 2028 年的 1.609 2。均衡度和信息熵基本处于一样的变化周期，2028 年比 1988 年提升了 0.022 4；而优势度则与信息熵和均衡度的走向相反，从 1988 年的 0.239 9 下降到 2016 年的 0.229 3，2017—2028 年则继续下降 0.004 2，这个结果也符合信息熵的研究规则。说明石羊河流域景观结构变化不太明显，景观组分系统的复杂度逐渐增强到现在逐渐稳定，景观结构均质性增强，景观组分成熟度提高，这体现了国家土地管理、经济调控政策的进一步严格，对生态脆弱区保护得当，景观结构没有经历太大的调整，也保证了区域景观生

态的稳定性。随着时代的发展到 2028 年，石羊河流域景观结构的均质性将
逐渐增强。

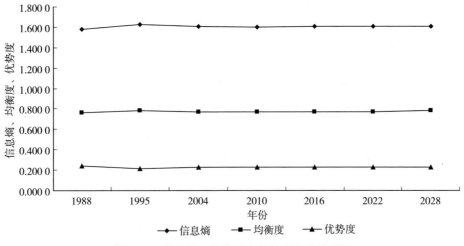

图 4 - 2　信息熵、均衡度和优势度变化关系图

4.5.3　景观格局分析的指标体系构建

相关性分析

本书运用的景观生态学中的景观指数是目前研究景观生态安全比较流行的
方法，基本方法是通过探讨各景观指数的生态意义[195-196]，揭示研究区域景观
生态安全状况。因此，如何选取景观指标来更好地反映生态安全是关键。本书
依据当两个变量之间呈线性相关时，采用 Pearson 相关系数 r 进行分析。当变
量不服从正态分布或等级数据时，采用 Spearman 等级相关分析[197]。大多数
景观格局指数，均是以景观斑块面积 $Area$ 为基础参数进行计算得到。

综上，根据国内外研究现状和石羊河流域的实际景观特征，选取斑块个数
（NP）、斑块密度（PD）、边缘长度（FD）、平均斑块面积（MPS）、斑块面
积比（$PLAND$）、最大斑块指数（LPI）、面积变异系数（$PSCV$）、景观分维
度（D）、景观均匀度指数（$SHEI$）、聚集度指数（AI）、分离度指数（CI）、
边缘密度（ED）、蔓延度指数（$CONTAG$）、散布与并列指数（IJI）、景观生
态价值指数（$LEVI$）、香农多样性指数（$SHDI$）、香农均匀度指数（$SHEI$）
17 个景观指标与斑块面积 $Area$ 采用 Pearson 指数进行相关性分析，尽可能多
地剔除冗余指数。然后，对选取的所有景观格局指数进行 Spearman 相关分析
和独立性检验，确定用于分析石羊河流域景观格局动态变化的景观格局指数。

石羊河流域 Pearson 相关系数计算结果见表 4-3。

表 4-3 景观格局指数 Pearson 相关系数矩阵

景观指数	与斑块面积相关系数 r	p 值
最大斑块指数（LPI）	0.835 7	0.002 7
景观分维度（D）	0.832 4	0.043 3
斑块面积比（PLAND）	0.536 1	0.000 6
聚集度指数（AI）	0.921 1	0.045 1
分离度指数（CONTAG）	0.460 4	0.101 2
斑块密度（PD）	0.860 7	0.002 2
蔓延度指数（CONTAG）	0.827 5	0.010 3
散布与并列指数（IJI）	0.874 0	0.000 3
景观生态价值指数（LEVI）	0.242 2	0.010 2
香农多样性指数（SHDI）	0.920 1	0.000 0
香农均匀度指数（SHEI）	0.971 4	0.005 4
斑块个数（NP）	−0.867 2	0.010 2
面积变异系数（PSCV）	0.191 4	0.006 3
景观均匀度指数（LEI）	0.074 7	0.032 3
平均斑块面积（MPS）	0.801 2	0.000 0
边缘密度（ED）	0.833 0	0.022 2

从表4-3中可以看出，最大斑块指数（LPI）、景观分维度（D）、聚集度指数（AI）、斑块密度（PD）、蔓延度指数（CONTAG）、散布与并列指数（IJI）、香农多样性指数（SHDI）、香农均匀度指数（SHEI）、斑块个数（NP）、平均斑块面积（MPS）和边缘密度（ED）共 11 项景观格局指数的 Pearson 相关系数绝对值 r 均大于 0.800 0，且 p 值均小于 0.050 0，说明上述 11 项景观格局指数与景观面积 Area 呈显著相关关系。计算景观格局指数两两之间的 Spearman 相关系数，计算结果具体见表 4-4。

表 4-4 初步选取景观指数的 Spearman 相关系数矩阵

景观指数	X_1	X_2	X_3	X_4	X_5	X_6	X_7	X_8	X_9	X_{10}	X_{11}	X_{12}
X_1	1.000											
X_2	−0.600	1.000										

景观指数	X_1	X_2	X_3	X_4	X_5	X_6	X_7	X_8	X_9	X_{10}	X_{11}	X_{12}
X_3	0.400	0.200	1.000									
X_4	−0.600	0.200	−0.600	1.000								
X_5	0.400	−0.600	0.400	0.600	1.000							
X_6	0.200	0.400	−0.600	0.400	0.600	1.000						
X_7	0.000	−0.800	0.400	0.800	0.400	1.000	1.000					
X_8	0.600	0.600	−0.600	0.600	0.800	0.200	1.000	1.000				
X_9	0.400	0.600	−0.600	0.400	0.400	1.000	0.200	−0.800	1.000			
X_{10}	0.800	0.400	−0.600	0.600	0.800	0.200	−0.600	0.800	−0.400	1.000		
X_{11}	0.400	−0.600	0.600	0.800	0.400	−0.600	0.800	0.000	0.400	0.600	1.000	
X_{12}	0.800	0.400	−0.600	0.600	−0.600	0.400	0.000	1.000	−0.600	0.400	−1.000	1.000

注：上表中 $X_1 \sim X_{12}$ 分别代表最大斑块指数（LPI）、景观分维度（D）、边缘长度（FD）、聚集度指数（AI）、斑块密度（PD）、蔓延度指数（CONTAG）、散布与并列指数（IJI）、香农多样性指数（SHDI）、香农均匀度指数（SHEI）、斑块个数（NP）、平均斑块面积（MPS）、边缘密度（ED）。

4.5.4　景观生态表征指标

因此，本书依据学者的研究成果[198-201]和石羊河流域实际情况，从 Spearman 相关系数和独立检验选取了 10 个指标：斑块个数（NP）、平均斑块面积（MPS）、景观分维度（D）、边缘密度（ED）、斑块密度（PD）、散布与并列指数（IJI）、蔓延度指数（CONTAG）、聚集度指数（AI）、香农多样性指数（SHDI）和香农均匀度指数（SHEI）。10 个指标可以归纳为景观破碎度指标、景观形状指标和景观多样性指标三个方面来表征石羊河流域的土地景观组分、特征和生态属性。其指数的公式及具体说明如下。

（1）景观破碎度指标

景观破碎化是空间斑块性和空间梯度的综合反映，是景观格局的重要特征[202]。分析景观破碎化是研究景观功能和动态的基础，对探索景观结构与自然生态过程和社会经济活动的关系、石羊河流域土地资源合理利用和可持续发展均具有重要的理论和实践意义[203]。因此，本书选取斑块个数、斑块密度、平均斑块面积、散布与并列指数、蔓延度指数和聚集度指数 6 个指数来反映石羊河流域的景观破碎度。

①斑块个数（NP），是衡量景观的空间格局的指标，会改变景观中景观组分的空间分布特征，改变种群的稳定性，单位为个。

$$X_{NP} = n_i \qquad (4-14)$$

NP 在斑块组分上表示某一种组分的图斑个数，在景观水平上表示景观中所有的斑块个数。从生态意义上来说，斑块个数反映了人类开发利用土地的强度和景观异质性，即斑块个数越多，其景观越破碎化，受人类的影响越大[204]。

②平均斑块面积（MPS），用于描述景观粒度，揭示景观的破碎化程度，单位为平方千米/个。

$$MPS = \frac{A_i}{N_i} \qquad (4-15)$$

式（4-15）中，A_i 为区域内某类景观组分总面积；N_i 为某类景观组分斑块数。从生态学意义上来说，平均斑块面积越大说明景观斑块越大、越完整，景观功能属性更能发挥[205]。

③斑块密度（PD），表示景观基质被该组分分割的程度，即表示整个景观上的孔隙度，单位为个/平方千米。

$$PD = \frac{n_i}{A} \qquad (4-16)$$

式（4-16）中，PD 表示斑块密度，是 i 组分景观斑块总数与景观总面积 A 之比。从生态意义上来说，斑块密度越大，破碎化程度越高；斑块密度越小，景观异质性越高，生态效益越明显[206]。

④散布与并列指数（IJI）。

$$IJI = -\sum_{k=1}^{m}\sum_{k=1}^{m}\left[\left(\frac{E_{ik}}{E}\right)\ln\left(\frac{E_{ik}}{E}\right)\right] \qquad (4-17)$$

式（4-17）中，E_{ik} 为景观中斑块组分 i 与斑块组分 k 之间的总边缘长度；E 为景观中不同斑块组分间总的边缘长度；m 是景观中斑块组分的数目。

IJI 取值小时表明拼块组分 i 仅与少数几种其他组分相邻接；$IJI=100$ 表明各拼块间比邻的边长是均等的，即各拼块间的比邻概率是均等的。其生态学意义是 IJI 对那些受到某种自然条件严重制约的生态系统的分布特征反应显著，即 IJI 取值越大越破碎化，越小越完整，如山区的〕IJI 值一般较低，而干旱区中的〕IJI 值一般较高[207]。

⑤蔓延度指数（$CONTAG$）。

$$CONTAG = \frac{\sum\limits_{i=1}^{m}\sum\limits_{i=1}^{m}\left[P_i\frac{g_{ik}}{\sum\limits_{k=1}^{m}g_{ik}}ln\left(P_i\frac{g_{ik}}{\sum\limits_{k=1}^{m}g_{ik}}\right)\right]}{2ln(m)} \times 100 \qquad (4-18)$$

式（4-18）中，g_{ik} 为斑块组分 i 与斑块组分 k 之间所有邻接的栅格数目

（包括景观组分 i 中所有邻接的栅格数目）；P_i 是景观组分 i 的景观百分比；m 是景观中所有组分的数目。

$CONTAG$ 指标描述的是景观里不同斑块组分的团聚程度或延展趋势。由于该指标包含空间信息，是描述景观格局的最重要的指数之一[208]。其生态学意义是 $CONTAG$ 值较小时表明景观中存在许多小拼块，是具有多种要素的密集格局，景观的破碎化程度较高；趋于 100 时表明景观中有连通度极高的优势拼块组分形成了良好的连接性，空间集聚性高。

⑥聚集度指数（AI），来源于斑块组分水平上的邻近矩阵的计算，通过各个组分斑块面积加权平均计算所得。

$$AI = \Big[\sum_{i=1}^{n} \Big(\frac{\theta_{ii}}{\theta_{ii\max}} \Big) \times P_i \Big] \times 100 \qquad (4-19)$$

AI 反映某类景观的空间聚集度。其生态学意义是 AI 指数低说明景观组分在景观中分散于许多不同景观组分斑块之间，斑块组分之间分布相对分散，聚集指数高说明各景观组分分布比较紧密[209]。

（2）景观形状指标

景观形状指数分析中，本书选取景观分维数（D）和边缘密度（ED）来研究组分图斑的形状变化。

①景观分维度（D），主要是定量描述其核心面积的大小及其边界线的曲折性。

$$D_i = 2\ln\Big(\frac{P_i}{k} \Big) / \ln(A_i) \qquad (4-20)$$

式（4-20）中，D_i 表示景观分维数；P_i 为斑块周长；A_i 为斑块面积。

D 反映空间斑块形状的不规则性。计算方式是同类斑块的周长和面积经对数处理后，利用最小二乘法确定回归斜率，其斜率的 2 倍就是景观分维度。理论值在 1.0～2.0，其值越大，空间结构越不稳定[210]。从其生态学意义来说，分维度越大，斑块边缘越复杂，受人类活动干扰越明显。

②边缘密度（ED），指单位面积某类景观组分斑块与其相邻异质斑块间的边缘长度。

$$ED = \frac{1}{A} \sum_{i=1}^{M} \sum_{j=1}^{M} P_{ij} \qquad (4-21)$$

ED 可以直接表征景观组分的复杂程度，反映景观组分的破碎化程度，其大小也直接影响边缘效应以及物种组成。生态学意义是值越小越好，说明景观组分的斑块少、面积大，且景观组分的连片化程度增强、景观破碎程度降低；值越大，说明组分斑块与其相邻异质斑块间的接触越多，边缘复杂，破碎化明显[211]。

（3）景观多样性指标

景观的多样性指标反映景观斑块组分多少和各斑块组分所占面积的比例，其值越大，景观组分越多样。本书选取香农多样性指数（SHDI）和香农均匀度指数（SHEI）来表达景观的多样性。

①香农多样性指数（SHDI）：景观空间格局的多样性是指景观元素在结构、功能以及随时间变化方面的多样性。

$$SHDI = -\sum_{i=1}^{m} AP_i \ln AP_i \qquad (4-22)$$

式（4-22）中，P_i 为景观组分 i 所占面积的比例；m 为景观组分的数目。

SHDI 在比较和分析不同景观或同一景观不同时期的多样性与异质性变化时，反映景观中各拼块组分非均衡分布状况的敏感程度[200,212]。其生态学意义是在一个景观系统中，土地利用越丰富，破碎化程度越高，其不定性的信息含量也越大，计算出的 SHDI 值也就越高。SHDI＝0 表明整个景观仅由一个拼块组成；SHDI 增大，说明拼块组分增加或各拼块组分在景观中呈均衡化趋势分布。

②香农均匀度指数（SHEI）：表示景观中个斑块面积上分布的不均匀程度，通常用多样性指数和其最大值的比来表示。

$$SHEI = H/H_{max} \qquad (4-23)$$

SHEI 值较小时优势度一般较高，可以反映出景观受到一种或少数几种优势拼块组分所支配；SHEI 趋近 1 时优势度低，说明景观中没有明显的优势组分且各拼块组分在景观中均匀分布。其生态学意义是 SHEI＝0 表明景观仅由一种拼块组成，无多样性；SHEI＝1 表明各拼块组分均匀分布，有最大多样性[213-214]。

4.5.5 模拟年份景观格局分析

根据表 4-4 中所有指标的 Spearman 相关系数，进一步从独立性检验上来遴选，最终得到 10 个相对独立的指标，即斑块个数（NP）、平均斑块面积（MPS）、分维度（D）、边缘密度（ED）、斑块密度（PD）、散布与并列指数（IJI）、蔓延度指数（CONTAG）、聚集度指数（AI）、香农多样性指数（SHDI）和香农均匀度指数（SHEI），对 10 个景观格局指数根据计算公式和生态学意义对景观破碎度、景观形状、景观多样性指标进行计算，并对其进行生态学意义分析，揭示石羊河流域在 1988 年、2004 年、2010 年、2016 年、2022 年和 2028 年的景观指数变化状况，具体见图 4-3。

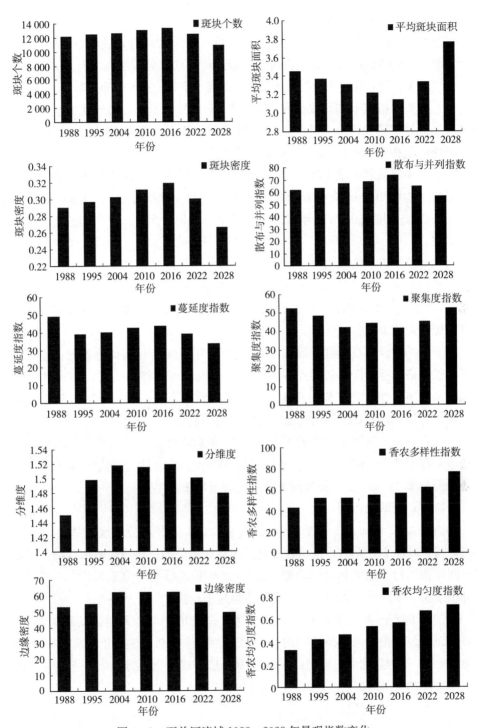

图 4-3　石羊河流域 1988—2028 年景观指数变化

（1）景观破碎度指标

从图 4-3 可知：①石羊河流域斑块个数 1988—2016 年连续增加，说明人类开发利用土地的强度大，景观图斑存在破碎化，景观异质性高，但 2017—2028 年连续减少，使景观斑块向规模化发展，促进了景观要素的空间分布。

②石羊河流域平均斑块面积 1988—2016 年越来越小，破碎化突出，景观斑块功能发挥越来越差，但在 2016—2022 年平均斑块面积增大至与 2004 年平均斑块面积相差不多，2028 年破碎化程度进一步减小。

③石羊河流域斑块密度 1988—2016 年逐年增大，总体呈递增状态。说明流域的土地利用景观斑块面积越来越小，连通性差，破碎化程度高。但是 2028 年斑块密度相比 2016 年减少，说明斑块面积增大，斑块之间的连通性逐渐变好。

④石羊河流域散布与并列指数 1988—2016 年逐年递增，说明图斑组分与其他组分相连接经历了由少到多的过程，斑块或廊道互相镶嵌。但是 2028 年相比 2016 年减少，图斑组分与其他组分相连接经历了由多到少的过程，同类景观斑块面积增大。

⑤石羊河流域蔓延度指数在 1988—2016 年表现为起始优势景观、连接性好的景观格局逐渐向连接性差的多种组分组成的密集格局演变，2004 年之后逐渐又向连通性高的优势图斑团聚，但团聚程度不高。2017—2028 年又逐渐出现优势景观，景观之间的连接性能有提高的趋势。

⑥石羊河流域聚集度指数 1988—2016 年总体递减，说明石羊河流域的景观组分在景观中分散于许多不同景观组分斑块之间，斑块之间呈离散的变化趋势。但是 2017—2028 年景观的离散程度有所减缓。

（2）景观形状指标

由图 4-3 可知：①石羊河流域 1988—2016 年景观分维度整体呈增加状态，且都处于 1.5 左右，说明石羊河流域景观斑块的斑块边缘整体复杂，存在空间结构不稳定越来越强的趋势。而 2022 年景观分维度为 1.5，2028 年景观分维度进一步降低，说明景观空间稳定性越来越强。

②石羊河流域 1988—2016 年边缘密度呈递增趋势，人类活动影响明显，要素斑块与其相邻异质斑块间的接触增多，边缘复杂，破碎化明显。而 2022 年在 2016 年的基础上有明显的好转，边缘趋于规整化、景观组分之间接触度变小，2028 年比 2022 年更进一步规整化。

（3）景观多样性指标

由图 4-3 可知：1988—2016 年石羊河流域香农多样性指数、香农均匀度指数逐年增加，但是指数整体不高，说明石羊河流域各景观组分朝对等化的趋势发展，各景观斑块也呈均匀化分布，而 2017—2028 年香农多样性指数、香农均匀度指数大幅度上升，说明景观异质性越来越明显，景观多样性增加，破碎化程度减小。

4.5.6　各景观组分格局分析

从石羊河流域的各景观组分出发，从图斑个数、图斑密度、平均斑块面积、散布与并列指数和聚集度指数分析景观组分状态。从图 4-4 可知，1988—2016 年石羊河流域耕地、建设用地、林地、水体和冰川及永久性积雪用地存在明显破碎化，影响到了生态平衡，而草地、沙地和未利用地向规模化发展；2017—2028 年耕地、建设用地、林地、水体的破碎化有所降低，而草地、沙地和未利用地向规模化进一步发展。

其中 1988—2016 年耕地图斑个数增加了 2 908 个，图斑密度增加了 0.400 5 个/平方千米，平均斑块面积降低了 2.493 3 平方千米/个，散布与并列指数增加了 10.832 6，聚集度指数减少了 13.506 7，景观分维数研究期内增加了 0.200 0，边缘密度增加了 11.720 1，破碎度达到 1 598.96，说明耕地被分割成许多镶嵌小块，破碎化严重。而 2017—2028 年耕地图斑个数减少了 287 个，图斑密度减小了 0.085 4 个/平方千米，平均斑块面积增加了 0.325 0 平方千米/个，散布与并列指数减小了 6.165，聚集度指数增加了 9.124 1，景观分维数减少了 0.11，边缘密度减少了 7.634 2，破碎度减小到 1 446.33，耕地由破碎化向规模化、集中连片发展。

1988—2016 年林地图斑个数增加了 577 个，图斑密度增加了 0.278 9 个/平方千米，平均斑块面积降低了 0.698 7 平方千米/个，散布与并列指数增加了 12.475 7，聚集度指数减少了 10.301 3，破碎度达到 1 739.32，说明林地乱垦滥伐、毁林开荒特别严重。而 2017—2028 年林地图斑个数减少了 78 个，图斑密度减小了 0.023 1 个/平方千米，平均斑块面积增加了 0.012 0 平方千米/个，散布与并列指数减小了 3.325 1，聚集度指数增加了 2.314 5，景观分维数减少了 0.056，边缘密度减少了 3.235 8，破碎度减小到 1 567.52，林地也向规模化发展。

1988—2016 年水体图斑个数增加了 10 个，图斑密度增加了 0.483 5 个/平方千米，平均斑块面积减少了 1.411 1 平方千米/个，散布与并列指数增加了 18.479 5，聚集度指数减少了 10.485 5，分维数增加了 0.186，边缘密度增加了 4.2，破碎度达到 513.72，说明水体被分割成许多镶嵌小块，破碎化严重。

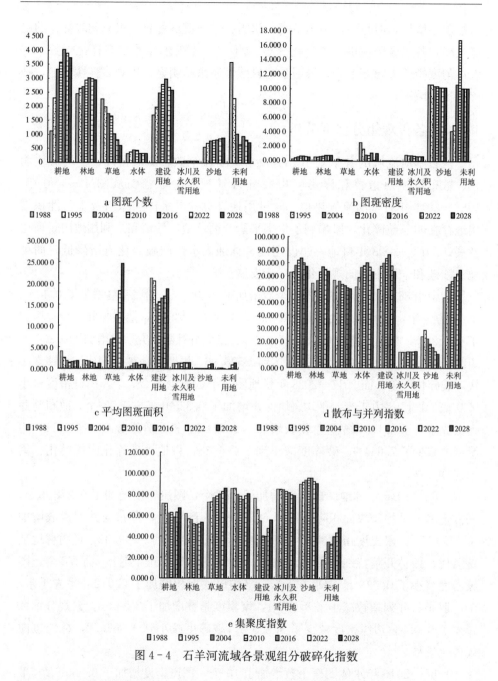

图 4-4　石羊河流域各景观组分破碎化指数

而 2017—2028 年水体图斑个数减少了 7 个，图斑密度减小了 0.054 6 个/平方千米，平均斑块面积增加了 0.102 1 平方千米/个，散布与并列指数减小了 7.127 4，聚集度指数增加了 5.612 8，景观分维数减少了 0.312 8，边缘密度减少了 5.846 2，破碎度减小到 498.52，水体也向规模化发展。

　　1988—2016 年建设用地图斑个数增加了 1 288 个，图斑密度增加了 0.013 1 个/平方千米，平均斑块面积降低了 4.622 7 平方千米/个，散布与并列指数增加了 26.499 3，聚集度指数减少了 36.377 3，景观分维数增加了 0.160 0，边缘密度增加了 29.558 8，破碎度达到 140.03，说明建设用地开发利用强度逐年增大，和其他组分均匀分布。而 2017—2028 年建设用地图斑个数减少了 388 个，图斑密度减少了 0.004 1 个/平方千米，平均斑块面积增加了 2.137 4 平方千米/个，散布与并列指数减少了 12.870 3，聚集度指数增加了 15.486 1，景观分维数减少了 0.36，边缘密度减少了 18.736 2，破碎度达到 121.30，说明建设用地被限制扩张，进行内部挖潜。

　　1988—2016 年冰川及永久性积雪用地图斑个数增加了 8 个，图斑密度增加了 0.304 7 个/平方千米，平均斑块面积降低了 0.168 0 平方千米/个，散布与并列指数增加了 0.479 5，聚集度指数减少了 3.304 7，破碎度达到 41.77，说明人类的活动使冰川及永久积雪出现消融现象，出现破碎化现象。而 2017—2028 年冰川及永久性积雪用地图斑个数增加了 2 个，图斑密度增加了 0.001 2 个/平方千米，平均斑块面积降低了 0.052 3 平方千米/个，散布与并列指数增加了 0.132 0，聚集度指数减少了 2.842 6，破碎度达到 42.16，说明冰川及永久性积雪用地继续破碎化，但是破碎化程度有所减缓。

　　1988—2016 年草地图斑个数减少了 1 244 个，图斑密度减少了 0.139 9 个/平方千米，平均斑块面积增加了 8.020 4 平方千米/个，散布与并列指数减少了 3.998 6，聚集度指数增加了 7.979 6 平方千米/个，说明图斑面积越来越大，草地越来越向规模化发展。而 2017—2028 年草地图斑个数减少了 409 个，图斑密度减少了 0.054 8 个/平方千米，平均斑块面积增加了 12.035 1 平方千米/个，散布与并列指数减少了 2.156 9，聚集度指数增加了 5.641 2，说明草地景观继续向规模化发展，已形成一定的规模面积。

　　1988—2016 年沙地图斑个数增加了 259 个，图斑密度减少了 0.055 8 个/平方千米，平均斑块面积增加了 15.608 6 平方千米/个，散布与并列指数减少了 8.063 0，聚集度指数增加了 6.083 2，说明沙地图斑面积扩大，存在优势景观。而 2017—2028 年沙地图斑个数增加了 71 个，图斑密度减少了 0.025 6 个/平方千米，平均斑块面积增加了 1.154 7 平方千米/个，散布与并列指数减少了 5.030 3，聚集度指数减少了 5.142 4，说明模拟期内沙化继续存在，而且沙地面积在扩大，但是沙化程度越来越小。

　　1988—2016 年未利用地图斑个数减少了 2 629 个，图斑密度减少了

0.088 3个/平方千米，平均斑块面积增加了2.448 4平方千米/个，散布与并列指数减少了15.930 0，聚集度指数增加了22.140 1，说明未利用地斑块从多到少，向集约方向转变。2017—2028年未利用地图斑个数减少了230个，图斑密度减少了0.008 7个/平方千米，平均斑块面积增加了1.140 1平方千米/个，散布与并列指数增加了5.362 1，聚集度指数减少了8.541 2，说明模拟期内未利用地的破碎化程度有所减小。

4.6　本章小结

（1）以CA-Markov模型为基础，利用石羊河流域2004年和2010年遥感影像解译生成的景观生态图，预测石羊河流域2022年和2028年景观变化，通过数量和空间精度检验，和2016年景观生态图进行了对比，验证了CA-Markov模型在石羊河流域景观组分模拟中各景观组分的模拟精度均在90%以上，具有较高可信度，说明CA-Markov模型能较好地模拟石羊河流域景观格局的动态变化。

（2）根据模拟结果，石羊河流域的景观结构变化有以下两点。

①石羊河流域的景观组分变化状况中，耕地面积在2016—2022年和2022—2028年分别增加了118.221平方千米，林地面积在2016—2022年和2022—2028年分别增加277、696平方千米，草地在2017—2028年增加了1 120平方千米，水体在2010—2016年和2017—2028年分别增加了1.4、19.80平方千米，建设用地在2017—2028年减少了42平方千米，冰川及永久积雪用地在2010—2016年和2017—2028年分别减少了1.31、3平方千米，沙地在2017—2028年增加了98平方千米，未利用地在2017—2028年减少了2 110平方千米。

②景观结构变化中，1988—2016年信息熵和均衡度呈直线发展，优势度呈递减趋势；2017—2028年信息熵和均衡度、优势度变化不大。2022年和2028年耕地、林地、草地、水体、沙地景观组分面积增加，而建设用地、冰川及永久积雪用地、未利用地景观组分面积则减少。

（3）从构建的景观格局分析指数来看，1988—2016年石羊河流域斑块个数、斑块密度、散布与并列指数、边缘密度、分维数、香农多样性指数和香农均匀度指数总体呈递增趋势，平均斑块面积、蔓延度指数和聚集度指数总体呈递减趋势，而2016—2022年斑块个数、斑块密度、散布与并列指数、边缘密度、分维数总体呈递减趋势，平均斑块面积、香农多样性指数和香农均匀度指数总体呈递增趋势，破碎度值从 1988 年的 2 494.190 0 增加到 2016 年的 4 209.770 0，再下降到 2022 年的 3 739.510 0，继续下降至 2028 年的 2 864.370 0，说明石羊河流域在 1988—2016 年景观斑块破碎度严重，景观组分缺乏多样化，景观异质性差，景观组分从连接性好的景观格局逐渐向连接性差的景观格局演变，景观斑块的几何形状越来越复杂，而 2017—2028 年景观破碎度程度减少，景观边缘与其他组分接触少，空间分布由分散趋向集中分布，空间分布紧密程度增强，景观组分向优势景观分布。

1988—2016 年石羊河流域生境质量下降中，景观组分破碎化程度从大到小依次是林地＞耕地＞水体＞建设用地＞冰川及永久性积雪，而草地、沙地和未利用地则向规模化发展。其中耕地、水体、建设用地的破碎度引起边缘效应增加。而 2017—2028 年破碎化景观组分的破碎度程度降低，生态质量有所好转。

第5章 石羊河流域景观生态安全评价及预测

5.1 研究方案

近几年随着景观生态学理论的普及和完善，有学者开始借助其理论研究人地关系，因为景观格局的国土空间差异，便于比较和分析不同时间段的格局差异性。石羊河流域地表景观格局的动态差异是由石羊河流域不同的土地利用方式引起的，而景观变化和土地利用方式改变了区域物质能量流或直接作用于生态系统导致的结果究竟是如何演绎的？又有怎样的规律呢？

因此，本章利用景观生态学的原理和方法对石羊河流域 1988—2028 年的景观生态安全进行研究方案设计，其目的不单单是描述景观生态安全及其变化，更重要的是要揭示景观变化的生态结果，以期更好地揭示景观生态安全的变化规律和生态所处的状况。首先，借助 P-S-R 模型构建三级景观生态安全评价指标体系（指标构建突出景观属性）；其次，对其指标进行标准化，运用熵权法测算其权重，对石羊河流域的景观生态安全做出评价并进行等级划分，并对低景观生态安全度产生的生境质量下降、边缘效应增加和生物多样性减少予以说明。最后，利用 GM（1，1）模型预测 2017—2028 年的景观生态安全度及等级状况，并对其生态安全情况进行基本论述。

5.2 景观生态安全评价指标体系的构建

5.2.1 评价指标体系构建

本研究借鉴相关研究成果，遵循独立性、可比性、科学性和实用性的原则，采用 P-S-R 模型构建景观生态安全评价指标体系（表 5-1），P-S-R 模型是从人类与环境系统的相互作用与影响出发对环境指标进行组织分类，从不同角度反映生态安全评价指标间的连续反馈机制和生态安全动态评价过程[215]。在该体系中，"压力"表征为人类活动给研究区域景观生态安全带来的负荷，

表5-1 石羊河流域景观生态安全评价指标体系构建

目标层	准则层	指标层	指标解释	属性
石羊河流域景观生态安全评价指标体系构架	压力	人口密度 X_1	研究区人口数/研究区面积	负
		人均耕地面积 X_2	研究区耕地面积/研究区人口	正
		单位耕地化肥施用量 X_3	化肥施用总量/耕地面积	负
		城镇化水平 X_4	研究区市人口和镇人口/研究区总人口	负
		区域开发指数 X_5	（农田+居民点用地+工交建设用地）/土地总面积	负
		平均年降水量 X_6	多年降水量总和/年数均值	正
		森林覆盖率 X_7	森林面积/土地总面积	正
		景观破碎度 X_8	平均斑块数×（斑块数-1）/总面积	负
		面积加权平均斑块分维度 X_9	$D_i=2\ln\left(\dfrac{P_i}{k}\right)/\ln(A_i)$[218] P 为斑块周长；A 为斑块面积	正
	状态	蔓延度指数 X_{10}	$$CONTAG=\dfrac{\sum\limits_{i=1}^{m}\sum\limits_{i=1}^{m}\left[P_i\dfrac{g_{ik}}{\sum\limits_{k=1}^{m}g_{ik}}\ln\left(P_i\left(\dfrac{g_{ik}}{\sum\limits_{k=1}^{m}g_{ik}}\right)\right)\right]}{2\ln(m)}\times100$$ g_{ik} 为斑块组分 i 与斑块组分 k 之间所有邻接的栅格数目（包括景观组分 i 的景观数目；P_i 是景观组分 i 的景观百分比；m 是景观中所有组分的数目[219]	正
		香农均匀度指数 X_{11}	$SHEI=\dfrac{H}{H_{\max}}$ 多样性指数和其最大值的比[220]	正

（续）

目标层	准则层	指标层	指标解释	属性
		耕地有效灌溉系数 X_{12}	有效灌溉的耕地面积/耕地总面积	正
		第三产量比重 X_{13}	第三产业/GDP	正
石羊河流域景观生态安全评价指标体系构架	响应	景观结构指数 X_{14}	结构指数由以下四个指标组成[221]，权重分别为 0.3, 0.2, 0.2, 0.3 ①景观多样性指数：$SHDI = -\sum_{i=1}^{m} AP_i \ln AP_i$ ②重要生态功能景观斑块密度：密度＝重要生态功能景观斑块的数目/斑块总数 ③重要生态功能景观斑块的面积比例：面积比例＝重要生态功能景观斑块的面积/景观总面积 ④重要生态功能景观斑块的破碎度指数：$FI = MPS \times (Nf-1)/Nc$	正
		经济密度 X_{15}	区域国民生产总值/区域面积	负

石羊河流域系国家商品粮基地，矿产资源丰富，区域内人口聚集度高，人口增长和经济发展必然给耕地、林草地、水域等景观资源、社会经济造成影响，因此压力指标从这 4 个方面进行构建[216]。"状态"表征研究区域自然资源、生态环境所处的状态。本研究从景观属性出发来构建"状态"指标，突出生态安全研究中的景观格局对生态变化过程内涵的诠释[217]。"响应"表征针对压力和当前的状态所采取的措施，和景观生态安全压力、状态指标相对应[218-220]。综上，本研究选取 15 个指标构建石羊河流域景观生态安全评价，对其状况进行综合分析。

5.2.2　评价指标的标准化

数据处理方法

由于各个指标单位的不一致性，为统一量纲，就要把原始指标数据做标准化处理，经处理后的各个指标值都为 0~1。公式如下[221-222]：

$$\begin{cases} r_{ij} = (x_{ij} - x_{imin})/(x_{imax} - x_{imin}) \\ r_{ij} = (x_{imax} - x_{ij})/(x_{imax} - x_{imin}) \end{cases} \quad (5-1)$$

式（5-1）中，r_{ij} 表示某个指标值的标准化值，x_{ij} 表示某个指标原始值，x_{imax}、x_{imin} 分别表示某指标的最大值与最小值。

5.2.3　评价指标因子权重确定

在数据标准化的基础上，进一步确定指标权重。对于指标权重的确定方法有因子分析法、层次分析法和主成分分析法等。但是以上的方法主观性强，为了避免人为主观因素造成的偏差，提高评价的客观性，本书采用赋权法中的熵值法[223]来确定指标权重。

（1）计算熵值

假设有 m 个样本，n 项指标，将第 i 个指标的熵值定义为 E_i，则计算熵值公式为：

$$E_i = -k \sum_{j=1}^{n} f_{ij} \ln f_{ij} ; i = 1, 2, \cdots, m \quad (5-2)$$

式（5-2）中：k 为待定常数，在数值上 $k = \dfrac{1}{\ln n}$；$f_{ij} = \dfrac{x_{ij}}{\sum\limits_{j=1}^{n} x_{ij}}$；当 $f_{ij} = 0$ 时，令 $f_{ij} \ln f_{ij} = 0$。

（2）计算指标的差异性系数

定义第 i 个指标的差异性系数为 e_i，则计算差异性系数时见公式[223]：

$$e_i = 1 - E_i; i = 1, 2, \cdots, m \qquad (5-3)$$

（3）确定指标权重

把第 i 个指标的权重定义为 w_i，则权重的具体计算公式如下：

$$w_i = \frac{e_i}{\sum_{i=1}^{m} e_{ij}}; i = 1, 2, \cdots, m \qquad (5-4)$$

各个指标的权重值应满足 $0 < w_i \leqslant 1, \sum_{i=1}^{m} w_i = 1$。

5.2.4 综合评价

本书参考了国内外成熟的方法，借用综合评价法进行生态安全评价。它的基本原理是通过将各指标进行加权累加，得到各评价单元的综合评价分值。公式如下[221-223]：

$$f_i = \sum_{i=1}^{n} w_i \left(\sum_{j=1}^{m} w_j \times r_{ij} \right) \qquad (5-5)$$

式（5-5）中，f_i 指某个评价单元的综合评分值；w_i 指准则层因子计算的权重；w_j 是指标层因子的权重；r_{ij} 指某个指标值的标准化值，$\sum_{j=1}^{m} w_j \times r_{ij}$ 分别表示压力、状态、响应三个准则层的综合评价值。

5.2.5 石羊河流域景观生态安全度的划分

本书在参考国内外文献的基础上[224-226]，根据实际情况制定了适合石羊河流域的评判标准来划分景观生态安全等级，具体分级标准见表5-2。

表5-2 石羊河流域生态安全系统分级标准

安全值	等级	系统状态	系统特征
(0，0.1]	Ⅰ	恶劣	生态结构破坏极其严重，系统功能丧失，生态环境恢复治理极其困难
(0.1，0.2]	Ⅱ	重警	生态结构破坏特别严重，系统功能丧失，生态恢复治理较困难
(0.2，0.3]	Ⅲ	中警	生态结构极不合理，系统功能退化极严重，生态系统抗干扰能力极差
(0.3，0.4]	Ⅳ	预警	生态结构很不合理，系统功能退化特别严重，生态系统抗干扰能力很差
(0.4，0.5]	Ⅴ	风险	生态结构不合理，系统服务功能退化严重，生态系统抗干扰能力差
(0.5，0.6]	Ⅵ	敏感	生态结构较不合理，系统功能开始退化，生态系统抗干扰能力较低
(0.6，0.7]	Ⅶ	一般	生态结构和功能处于一般状态，生态系统自我恢复能力一般
(0.7，0.8]	Ⅷ	良好	生态结构和功能处于良好状态，生态系统自我恢复能力较强
(0.8，1]	Ⅸ	优秀	生态结构和功能处于优秀状态，生态系统保持原生态

5.3　石羊河流域景观生态安全评价

5.3.1　景观生态安全综合指数值

首先根据数据指标的标准化（式 5-1），其次在标准化的基础上利用熵权法（式 5-3 和式 5-4）进行指标的熵值、差异性系数及权重测算，经测算后石羊河流域的景观生态安全压力、状态、响应三个准则层及 15 个指标层的权重具体见表 5-3。

表 5-3　石羊河流域景观生态安全评价指标权重

目标层	准则层	指标层	权重
景观生态安全评价指标权重	压力（0.382 3）	人口密度 X_1	0.119 8
		人均耕地面积 X_2	0.077 6
		单位耕地化肥施用量 X_3	0.077 0
		城镇化水平 X_4	0.023 6
		区域开发指数 X_5	0.084 2
	状态（0.292 6）	平均年降水量 X_6	0.083 0
		森林覆盖率 X_7	0.017 6
		景观破碎度 X_8	0.080 8
		面积加权平均斑块分维度 X_9	0.029 5
		蔓延度指数 X_{10}	0.081 7
		香农均匀度指数 X_{11}	0.116 3
	响应（0.325 1）	耕地有效灌溉系数 X_{12}	0.043 6
		第二产量比重 X_{13}	0.031 2
		景观结构指数 X_{14}	0.084 9
		经济密度 X_{15}	0.048 9

准则层压力指标权重为 0.382 3，状态指数为 0.292 6，响应指数 0.325 1。压力指标中人口密度权重最大（0.119 8），城镇化水平权重最小（0.023 6）；状态指标中香农均匀度指数权重最大（0.116 3），森林覆盖率权重最小（0.017 6）；相应指标中景观结构指数权重最大（0.084 9），第三产量比重权重最小（0.031 2）。

5.3.2　景观生态安全评价

通过式（5-5）测算 1988—2016 年石羊河流域的压力指数、状态指数和响应指数，进而利用加权求和的方法测算石羊河流域的景观生态安全综合和所处的系统标准状况，评价结果具体见表 5-4。

表 5-4　1988—2016 年石羊河流域景观生态安全评价结果

年份	压力指数	状态指数	响应指数	综合指数	生态安全等级
1988	0.634 9	0.554 8	0.425 5	0.543 4	敏感
1989	0.669 3	0.549 0	0.371 5	0.537 3	敏感
1990	0.689 2	0.546 3	0.322 5	0.528 2	敏感
1991	0.692 1	0.534 6	0.320 2	0.525 1	敏感
1992	0.676 7	0.520 5	0.331 7	0.518 8	敏感
1993	0.661 8	0.508 9	0.338 7	0.512 0	敏感
1994	0.651 1	0.484 3	0.344 9	0.502 7	敏感
1995	0.646 2	0.465 4	0.353 3	0.498 1	风险
1996	0.638 0	0.465 1	0.360 4	0.497 2	风险
1997	0.632 9	0.460 0	0.370 5	0.497 0	风险
1998	0.624 2	0.457 5	0.382 3	0.496 8	风险
1999	0.614 3	0.457 1	0.390 0	0.495 4	风险
2000	0.613 3	0.460 1	0.407 3	0.501 5	敏感
2001	0.606 5	0.464 0	0.416 6	0.503 1	敏感
2002	0.598 9	0.477 1	0.425 2	0.506 8	敏感
2003	0.585 6	0.484 6	0.435 2	0.507 1	敏感
2004	0.598 4	0.485 1	0.443 8	0.515 0	敏感
2005	0.611 2	0.485 3	0.460 4	0.525 3	敏感
2006	0.615 0	0.485 3	0.474 9	0.531 5	敏感
2007	0.618 9	0.492 8	0.484 3	0.538 3	敏感
2008	0.619 8	0.492 8	0.499 9	0.543 6	敏感
2009	0.626 2	0.492 8	0.518 4	0.552 1	敏感
2010	0.626 6	0.520 1	0.536 4	0.566 2	敏感
2011	0.632 4	0.514 6	0.550 2	0.571 3	敏感
2012	0.634 8	0.513 3	0.556 1	0.573 7	敏感
2013	0.626 1	0.500 8	0.577 5	0.573 6	敏感
2014	0.618 7	0.490 9	0.563 1	0.567 2	敏感
2015	0.609 4	0.552 2	0.532 3	0.567 6	敏感
2016	0.597 6	0.562 3	0.531 5	0.565 7	敏感

（1）景观生态安全压力指数

由表 5 - 4 得知，景观生态安全压力指数的变化趋势可以分为四个阶段，呈 M 形变化。

第一阶段：递增阶段。景观生态安全压力指数从 1988 年 0.634 9 的增加到 1991 年的 0.692 1。其景观生态安全压力指数增加的原因：人口密度增大，加大了对区域的开发力度，使城镇化水平逐年提高，人均耕地面积的不足使农户通过增加单位耕地化肥施用总量来获取更多的食物。例如，人口密度从 1988 年的 42.90 人/平方千米增加到 1991 年的 46 人/平方千米，区域开发指数从 1988 年的 0.030% 上升到 1991 年的 0.22%，城镇化水平从 1988 年的 14.711% 上升到 1991 年的 16.800%，人均耕地面积下降了 0.25 公顷/人，但是单位耕地化肥施用量却增加了 0.03 吨/公顷。

第二阶段：递减阶段。景观生态安全压力指数从 1992 年的 0.676 7 下降到 2004 年的 0.598 4。递减的原因是这一阶段人口密度、区域开发程度和城镇化水平增幅较小，人均耕地面积减少速度有所缓和，控制了对耕地化肥的使用量，使人为因素对生态的扰动有所减弱，整体景观生态压力变小。如单位面积化肥施用量从 1992 年的 2.3 吨/公顷下降到 2004 年的 1.2 吨/公顷，降幅达 91.66%，而人口密度、人均耕地面积、城镇化水平和区域开发指数增幅分别为 18.68%、8.63%、16.78% 和 12%。

第三阶段：递增阶段。景观生态安全压力指数从 2005 年的 0.611 2 的增加到 2012 年的 0.634 8。递增的原因是这一阶段随着经济的高速发展和城市化进程的加快，石羊河流域的开发程度越来越高，人口密度增加的同时也增大了对自然资源的索取，乱砍滥伐，随意开垦，造成区域生态压力增大。如人口密度从 2005 年的 54.26 人/平方千米增加到 2012 年的 55.15 人/平方千米，城镇化水平从 15.29% 上升到 17.53%，区域开发指数从 1.35% 上升到 1.378%。

第四阶段：递减阶段。景观生态安全压力指数从 2013 年的 0.626 1 的减少到 2016 年的 0.597 6。随着 2012 年国家提出生态文明建设，重点建设生态屏障保护区域，国家从 2007 年对石羊河流域进行了生态治理，到 2013 年取得了显著的效果。如单位面积耕地化肥施用量、区域开发指数都呈递减状态，递减幅度分别为 2.88% 和 15.38%，人口密度、人均耕地面积、城镇化水平增幅分别为 0.37%、0.58% 和 0.65%。

（2）景观生态安全状态指数

由表 5 - 4 得知，景观生态安全状态指数的变化趋势可以分为两个阶段，呈 V 形变化。

第一阶段：递减阶段。景观生态安全状态指数从 1988 年的 0.554 8 下降到 1999 年的 0.457 1。景观生态安全状态指数下降的原因：由于新增人口多，在人多地少的石羊河流域，人们通过砍伐森林，开辟荒地种植粮食，造成斑块支离破碎，斑块边缘效应突出，各个景观组分相互交叉、均匀分布，使生态系统失去整体规模效应，生态功能逐渐降低。例如森林覆盖率从 1988 年的 23% 下降到 2002 年的 16.9%，景观破碎度、分维度和香农均匀度指数分别从 2 494.190 0、1.449 2、0.423 8 增加到 3 800.000 0、1.507 4、0.450 0，增幅分别为 52.35%、4.02%、6.18%，蔓延度指数降幅达 19.24%。

第二阶段：递增阶段。景观生态安全状态指数从 2002 年的 0.460 1 增加到 2016 年的 0.562 3。景观生态安全状态指数上升的原因：在此阶段国家针对石羊河流域出台了一系列的生态治理规划，政府引导农户进行规模化种植，实施了退耕还林还草和生态修复工程，使景观生态安全指数较上一个阶段有了一定的提升。例如森林覆盖率从 2003 年的 17.1% 上升到 2016 年的 23%，景观破碎度、分维度和香农均匀度指数从 3 805.000 0、1.509 6、0.455 0 增加到 4 209.770 0、1.518 7、0.046 0，增幅分别为 10.61%、0.602%、1.09%，蔓延度指数降幅达 1.23%。

（3）景观生态安全响应指数

由表 5-4 得知，景观生态安全响应指数的变化趋势可以分为三个阶段，呈倒 N 形变化。

第一阶段：递减阶段。景观生态安全响应指数从 1988 年的 0.425 5 下降到 1991 年的 0.320 2。景观生态安全响应指数下降的原因：石羊河流域处于西北内陆，以农业种植为主，经济发展落后，人均收入低，而且农业种植结构不够合理，导致流域整体发展不力。如第三产业仅占 12% 左右，经济密度不足东部地区的 30%，而且发展后劲不足，导致对生态安全的响应呈现降低趋势。

第二阶段：递增阶段。景观生态安全响应指数从 1992 年的 0.331 7 增加到 2013 年的 0.577 5。其景观生态安全响应指数增加的原因：随着农村富余劳动力的转移，农业种植水平的不断提升，以及特色农业产业化的发展，实行了绿色核算和绿色农业发展的模式，流域经济发展取得了巨大的成效。如经济密度从 1992 年的 1.43 减少到 2013 年的 0.60，而耕地灌溉有效系数、第三产业比重从 1992 年的 0.36、19% 增加到 2013 年的 0.55、33%，增幅分别为 52.77%、73.68%。

第三阶段：递减阶段。景观生态安全响应指数从 2014 年的 0.563 1 下降到 2016 年的 0.531 5。其景观生态安全响应指数下降的原因：虽然调整了产业结构，但是人们在经济利益的驱使下，粗放利用资源，对区域生态造成不良影响，生态安全响应指数有所下降。如耕地灌溉有效系数、第三产业比重增幅分别为 2.54%、3.62%，而景观结构指数降幅达 11.87%，经济密度的降幅为 4.57%。

（4）景观生态安全综合指数

由表 5-4 得知，景观生态安全综合指数的变化趋势可以分为三个阶段，呈倒 N 形变化。

第一阶段：递减阶段。景观生态安全综合指数从 1988 年的 0.543 4 下降到 1999 年的 0.495 4。其景观生态安全综合指数下降的原因：处于西北内陆区的石羊河流域，气候干燥，水资源短缺是经济发展的瓶颈，但祁连山的冰雪融水，养育了石羊河流域的绿洲区域，使石羊河流域成为河西走廊三大内陆河人口最稠密的区域，相应地，就需要相匹配的农业资源。人们从 20 世纪 80 年代毁林开荒，增加农业种植面积，加上不合理的水资源利用方式，使石羊河流域的生态斑块破碎化严重，生态功能失衡，安全指数持续下降，如 2004 年青土湖的断流和自然灾害的增多，就是由于土地利用结构的不合理，景观组分难以发挥生态作用导致的。

第二阶段：递增阶段。景观生态安全综合指数从 2000 年的 0.501 5 增加到 2012 年的 0.573 7。其景观生态安全综合指数增加的原因：由于前一个阶段人们对自然资源的不合理利用，造成两个沙漠合围民勤，并向兰州方向迁移，引起了党和政府的高度关注。因此，出台了一系列的规章制度来治理和恢复石羊河流域生态环境，如植树造林、疏通河道、发展节水农业等，一定程度上加强了对生态环境的保护。

第三阶段：递减阶段。景观生态安全综合指数从 2013 年的 0.573 6 下降到 2016 年的 0.565 7。其景观生态安全综合指数下降的原因：首先在经济利益的驱使下，人们大规模违规开发矿产资源，造成地表植被破坏、水土流失加剧、地表塌陷等问题突出；其次是流域水电开发强度较大，水电设施的违规建设和违规运行带来的水生态碎片化问题较为突出。三是研究区还存在一些偷排、偷放污染物，违法运行等问题。

（5）景观生态安全评价

由表 5-4 得知，石羊河流域 1988—2016 年景观生态安全综合指数根据生态安全等级划分为两个等级：风险和敏感。其中 1988—1994 年和 2000—2016 年景观生态安全处于敏感阶段，综合指数从 1988 年的 0.543 4 到 1994 年的

0.502 7，2000 年的 0.501 5 到 2016 年的 0.565 7，说明生态系统结构较不合理，系统服务功能开始退化，生态环境受到较大干扰，系统具有较低抗干扰能力。而 1995—1999 年处于风险阶段，说明生态系统结构不合理，系统服务功能退化严重，生态环境受到较大破坏，系统抗干扰能力差。

总体来说，石羊河流域的生态系统结构不能充分支撑生态功能的发挥，景观生态安全存在一定的风险，在目前的景观生态安全评价中，并结合上一章景观格局的数量变化、特征以及景观指数生态表征可知，石羊河流域较低的生态安全度导致了生境质量下降、边缘效应增加和区域的生物多样性受到威胁等。具体分析如下：

（1）生境质量的下降

生境质量的下降引起了生态系统的失衡，使系统的能量流和物质流都发生了变化，由此也引发了气候变暖、土地沙化等，如扎龙湿地、贵州草海湿地的萎缩和红树林的退化引发的生态恶化，都是由于景观组分的减少，失去了调节区域生态平衡的物质和能量，造成植被退化、物种灭绝的景象。近年来石羊河流域土地开发利用使景观生态受到严重干扰，原始种群碎裂成若干局域种群[227]，导致流域生态系统中植被格局和生物群落单调、群落结构简单、生物多样性指数和物种丰富度指数低[228-229]。如石羊河流域研究期内建设用地和沙地面积迅速增加，而水体等用地急速减少。还有组分中绝大部分相对生态价值较低的景观整体向南迁移，以上这些都说明石羊河流域非生态用地逐渐占据主导地位，生态质量变差，生态环境重心向南迁移，而出现这种情况的主要原因是建设用地、沙地不属于生态用地，其快速增加会降低对区域景观的生态功能，加上水体等生态用地的减少，降低了对区域气候的调节和防御功能，致使腾格里和巴丹吉林两大沙漠向南迁移。靠近祁连山的南部区域的水资源、光照、热量更加充足，对农业和非农业都更加有利，人类活动的重心也沿此方向迁移。因此，石羊河流域的景观变化导致了生态环境的恶化。

（2）边缘效应增加

石羊河流域景观斑块破碎化使暴露在其他生态系统中的边缘比例增加，不同生态系统之间产生边缘效应等[230-231]。从前文可知石羊河流域边缘密度从 1988 年的 60.022 3 增加到 2016 年的 73.916 8，分维度从 1988 年的 1.497 4 增加到 2016 年的 1.528 7，说明在研究期内景观斑块边缘化越来越复杂，要素斑块与其相邻异质斑块间的接触越来越多，破碎化明显。其原因主要是人类活动正在大范围地改变着自然环境，使耕地、草地、建设用地、沙地组分景观面积增加，各景观组分之间转置频繁。如在南部祁连山和中部绿洲区有水源的地方开垦荒地、进行城镇和工矿建设、北部沙化向南蔓延，加上近年来各种道路、水渠的不断新建，生态风险不断增加。

（3）区域的生物多样性受威胁

景观多样性指的是由不同组分景观要素或生态系统构成的空间结构、功能机制和时间动态方面的多样化或变异性，只有多样化的生态系统存在并与异质的立地条件相适应，才能使景观生态效应最大化，才能构成异质性的景观格局，保证景观功能的正常发挥[232-233]。石羊河流域的生物多样性也不高，其原因是景观组分变化明显，使生物系统失去平衡，种群的种类或数量趋于减少。如南部祁连山区雪线不断上升、水源涵养能力下降。中部绿洲区受人类活动改造明显，景观破碎化现象突出，导致植被格局和生物群落单调、群落结构简单、生物多样性指数和物种丰富度指数低，影响生物圈食物链。

5.4　石羊河流域景观生态安全动态模拟评价

5.4.1　灰色预测模型

目前的生态安全动态模拟实现了定量和定性预测的结合。定量预测采用时间时序来预测大量数据的未来值，预测精度较高；定性预测根据预测者的经验，精度有限[234]。灰色预测法模型是能反映系统变化的过程本质的微分模型，针对小数量的样本离散数据进行灰色过程加工，而生成累加生成数，以抵消大部分随机误差，探寻其中的规律，实现微分模型精确预测[235]。因此，石羊河流域景观生态模拟采用灰色预测法。灰色预测的建模过程首先将原本无规律的数据进行累加生成，得到规律性较强的生成数列；然后，将生成数列建模，得到预测生成的将来值；最后，将预测结果进行逆生成处理，也就是累减还原，得到真实值[236]。

灰色模型生成数分为累加生成和逆累加生成，分别记作 AGO 和 IAGO[237-238]。累加生成在灰色系统理论中拥有特别重要的地位。通过累加生成过程能将灰色过程由灰变白，从离乱的原始数据中看出灰量积累过程的发展态势，找出其蕴含的积分特性和规律性。GM（1，1）模型具体建模过程如下：

（1）灰生成

设 $X^{(0)}$ 原始数列，$X^{(0)}$ 经 r 次累加生成 $X^{(r)}$

$$X^{(0)} = \{x^{(0)}(1), x^{(0)}(2), \cdots, x^{(0)}(n)\} \qquad (5-6)$$

$$X^{(r)} = \{x^{(r)}(1), x^{(r)}(2), \cdots, x^{(r)}(n)\} \qquad (5-7)$$

累加生成的计算式：

$$X^{(k)}(k) = x^{(r-1)}(1) + x^{(r-1)}(2) + \cdots + x^{(r-1)}(k)$$

$$= x^{(r-1)}(m)$$

$$= x^{(r-1)}(1) + x^{(r-1)}(2) + \cdots + x^{(r-1)}(k-1) + x^{(r-1)}(k) \tag{5-8}$$

$$= \sum_{m=1}^{k-1} x^{r-1}(m) + x^{r-1}(k)$$

$$= x^{(r)}(k-1) + x^{(r-1)}(k)$$

逆累加生成的计算式：

$$\left. \begin{array}{l} a^{(0)}[x^{(r)}(k)] = x^{(r)}(k) \\ a^{(1)}[x^{(r)}(k)] = a^{(0)}[x^{(r)}(k)] - a^{(0)}[x^{(r)}(k-1)] \\ a^{(2)}[x^{(r)}(k)] = a^{(1)}[x^{(r)}(k)] - a^{(1)}[x^{(r)}(k-1)] \\ \cdots \\ a^{(i)}[x^{(r)}(k)] = a^{(i-1)}[x^{(r)}(k)] - a^{(i-1)}[x^{(r)}(k-1)] \\ r = 1, 2, \cdots \end{array} \right\} \tag{5-9}$$

对式（5-9）进行转换：

$$a^{(1)}[x^{(r)}(k)] = a^{(0)}[x^{(r)}(k)] - a^{(0)}[x^{(r)}(k-1)]$$

$$= x^{(r)}(k) + x^{(r)}(k-1)$$

$$= \sum_{m=1}^{k-1} x^{r}(m) - \sum_{m=1}^{k-1} x^{r-1}(k) - \sum_{m=1}^{k-1} x^{r-1}(m) \tag{5-10}$$

$$= x^{(r-1)}(k)$$

$$a^{(2)}[x^{(r)}(k)] = a^{(1)}[x^{(r)}(k)] - a^{(1)}[x^{(r)}(k-1)]$$

$$= x^{(r-1)}(k) - x^{(r)}(k-1)$$

$$= \sum_{m=1}^{k} x^{r-2}(m) - \sum_{m=1}^{k-1} x^{r-2}(k) \tag{5-11}$$

$$= \sum_{m=1}^{k-1} x^{r-2}(m) + x^{r-2}(k) - \sum_{m=1}^{k-1} x^{r-2}(m)$$

$$= x^{(r-2)}(k)$$

$X^{(0)}$ 和 $X^{(r)}$ 具有如下关系：

$$\left. \begin{array}{l} X^{(0)} \xrightarrow{\quad AGO \quad} X^{(r)} \\ X^{(0)} \xrightarrow{\quad IAGO \quad} X^{(r)} \end{array} \right\} \tag{5-12}$$

可将 $X^{(0)}$ 作 r 次累加生成求出 $X^{(r)}$，将 $X^{(r)}$ 作 r 次逆累加生成求出 $X^{(0)}$。

（2）理论原理

假设原始序列为 $X^{(0)}$

$$X^{(0)} = [x^{(0)}(1), x^{(0)}(2), \cdots, x^{(0)}(n)] \tag{5-13}$$

由 $x^{(1)}(k) = \sum\limits_{m=1}^{k} x^0(n)$ 生成 $X^{(0)}$ 的 AGO 序列

$$X^{(1)} = [x^{(1)}(1), x^{(1)}(2), \cdots x^{(1)}(n)] \tag{5-14}$$

则影子方程可表示为[25]：

$$\frac{\mathrm{d}x^{(1)}}{\mathrm{d}t} + ax^{(1)} = b \tag{5-15}$$

记参数列 A 为：

$$A = (a, b)^T \tag{5-16}$$

将式（5-16）进行离散化得到式（5-17）：

$$x^{(0)}(k+1) + az^{(1)}(k+1) = b \tag{5-17}$$

式（5-17）中的 $z^{(1)}(k+1)$ 为背景值：

$$z^{(1)}(k+1) = \frac{1}{2}[x^{(1)}(k+1) + x^{(1)}(k)] \tag{5-18}$$

故：

$$k=1,\ X^{(0)}(2) = a\left[-\frac{1}{2}x^{(1)}(1) + x^{(1)}(2)\right] + b$$

$$k=2,\ X^{(0)}(3) = a\left[-\frac{1}{2}x^{(1)}(2) + x^{(1)}(2)\right] + b$$

$$\cdots \tag{5-19}$$

$$k=n,\ X^{(0)}(n) = a\left[-\frac{1}{2}x^{(1)}(n-1) + x^{(1)}(n)\right] + b$$

令数据矩阵 Y_n、Z、E 为

$$Y_N = \begin{bmatrix} x^0(2) \\ x^0(3) \\ \cdots \\ x^0(n) \end{bmatrix}, Z = \begin{bmatrix} -0.5[x^{(1)}(1)+x^{(1)}(2)] \\ -0.5[x^{(1)}(2)+x^{(1)}(3)] \\ \cdots\cdots \\ -0.5[x^{(1)}(n-1)+x^{(1)}(n)] \end{bmatrix}, E = \begin{bmatrix} 1 \\ 1 \\ \cdots \\ 1 \end{bmatrix}$$

$$\tag{5-20}$$

则有

$$Y_N = aZ + bE = [Z|E]_a^n \hat{a} \tag{5-21}$$

令矩阵 B 为：

$$B = [Z|E] = \begin{bmatrix} -0.5[x^{(1)}(1)+x^{(1)}(2)]\cdots 1 \\ -0.5[x^{(1)}(2)+x^{(1)}(3)]\cdots 1 \\ \cdots \\ -0.5[x^{(1)}(n-1)+x^{(1)}(n)]\cdots 1 \end{bmatrix} \tag{5-22}$$

利用最小二乘法可求得待辨识参数 $\hat{a}$ 的计算式：

$$\hat{a}=(B^T B)^{-1}B^T Y_N \qquad (5-23)$$

将 GM（1，1）模型计算原理总结如下：

影子方程为：

$$\frac{\mathrm{d}X^{(1)}}{\mathrm{d}t}+aX^{(1)}=b \qquad (5-24)$$

待辨识参数 $\hat{a}$：

$$\hat{a}=\begin{bmatrix} a \\ b \end{bmatrix} \qquad (5-25)$$

背景值：

$$Z^{(1)}(K+1)=\frac{1}{2}\big[X^{(1)}(k+1)+X^{(1)}k\big] \qquad (5-26)$$

参数算式：

$$\hat{a}=(B^T B)^{-1}B^T Y_N \qquad (5-27)$$

$$B=\begin{bmatrix} -0.5[x^{(1)}(1)+x^{(1)}(2)]\cdots\cdots1 \\ -0.5[x^{(1)}(2)+x^{(1)}(3)]\cdots\cdots1 \\ \cdots\cdots \\ -0.5[x^{(1)}(n-1)+x^{(1)}(n)]\cdots1 \end{bmatrix},Y_N=\begin{bmatrix} x^0(2) \\ x^0(3) \\ \cdots \\ x^0(n) \end{bmatrix}$$

$$(5-28)$$

灰微分方程：

$$X^{(0)}(k+1)=-aZ^{(1)}(k+1)+b \qquad (5-29)$$

将影子方程（5-24）离散化可得到方程（5-29），利用式（5-27）计算待辨识参数 $\hat{a}$。将 b，a 带入微分方程得到方程的解为：

$$\hat{X}^{(1)}(k+1)=\Big(X^{(0)}(1)-\frac{b}{a}\Big)e^{-ak}+\frac{b}{a} \qquad (5-30)$$

通过对微分方程进行求解得到累加还原值来进行预测，则还原计算式为[239]：

$$X^{(0)}(k+1)=X^{(1)}(K+1)-X^{(1)}(K) \qquad (5-31)$$

5.4.2 预测模型精度检验

本书选用 GM（1，1）模型预测各指标数据，需要通过后验差检验对无偏 GM（1，1）模型进行精度检验，后验差检验由小误差概率 P 和平均相对误差 C 的大小共同评判。在平均相对误差 C 和小误差概率 P 的关系中，平均相对误差 C 越小，表明原始数据越离散，模型精度越好。小误差概率 P 越大越好，说明预测值分布越均匀[240-242]。评价判别标准如表 5-5 所示。

表 5-5 精度检验等级参照表[243]

模型精度等级	良好	合格	勉强	不合格
平均相对误差 C	$C \leqslant 0.35$	$0.35 < C \leqslant 0.5$	$0.5 < C \leqslant 0.65$	$C > 0.65$
小误差概率 P	$P \geqslant 0.95$	$0.8 \leqslant P < 0.95$	$0.70 \leqslant P < 0.8$	$P < 0.7$

5.4.3 景观生态安全动态模拟评价

（1）景观生态安全精度检验

本节选取 2004—2016 年作为基础数据，利用 MATLAB 软件进行景观生态安全值预测。首先将系统时间序列的景观生态安全值用 GM（1，1）模型进行预测，并进行一次残差分析（表 5-6），可以得到景观生态安全综合值的时间动态模型公式如下[244]：

$$X(t+1) = 73.633\ 5e^{0.007\ 228\ 29t} - 73.118\ 5 \qquad (5-32)$$

表 5-6 石羊河流域景观生态安全预测模型精度检验

年份	原始值	模型值	残差	相对误差	级比偏差
2004	0.515 0	0.515 0	0.000 0	0.000 0	0.000 0
2005	0.525 3	0.534 2	−0.008 9	0.016 9	0.012 5
2006	0.531 5	0.538 0	−0.006 5	0.012 3	0.004 5
2007	0.538 3	0.542 0	−0.003 7	0.006 8	0.005 5
2008	0.543 6	0.545 9	−0.002 3	0.004 2	0.002 6
2009	0.552 1	0.549 8	0.002 3	0.004 1	0.008 3
2010	0.566 2	0.553 8	0.012 4	0.021 8	0.017 8
2011	0.571 3	0.557 8	0.013 5	0.023 5	0.001 7
2012	0.573 7	0.561 9	0.011 8	0.020 6	−0.003 0
2013	0.573 6	0.566 0	0.007 6	0.013 3	−0.007 4
2014	0.563 2	0.570 1	−0.006 9	0.012 2	−0.025 9
2015	0.567 6	0.574 2	−0.006 6	0.011 7	0.000 6
2016	0.565 7	0.578 4	−0.012 7	0.022 4	−0.010 6

对于此模型进行检验有精度检验小误差概率 $P = 1.000\ 0$（$P > 0.95$）和平均相对误差 $C = 0.220\ 2$（$C < 0.35$）[244]；说明所建模型精度等级良好，模型级别合格，可进行精确预测。

（2）未来年份景观生态安全预测值

2017—2028 年石羊河流域景观生态安全预测值指数呈直线上升趋势，景观生态安全度等级从敏感趋向一般安全状态（表 5-7）。

表 5-7　石羊河流域 2017—2028 年景观生态安全预测

预测年份	生态安全度预测值
2017	0.582 6
2018	0.586 8
2019	0.591 1
2020	0.596 3
2021	0.599 7
2022	0.604 0
2023	0.608 4
2024	0.612 8
2025	0.617 3
2026	0.621 7
2027	0.626 2
2028	0.630 8

5.5　本章小结

（1）运用 PSR 模型，依据选取指标的原则、方法和研究区实际情况突出景观生态属性，构建石羊河流域景观生态安全评价指标体系。其中压力层包括人口密度、人均耕地面积、单位耕地化肥施用量、城镇化水平和区域开发指数，状态层包括平均年降水量、森林覆盖率、景观破碎度、面积加权平均斑块分维度、蔓延度指数和香农均匀度指数，响应层包括耕地有效灌溉系数、第三产量比重、人均 GDP 和经济密度。

（2）通过指标标准化、熵权法和多指标综合评价法等研究发现，景观生态安全压力指数的变化趋势总体呈 M 形递减变化。其中 1988—1991 年和 2005—2012 年分别增加了 0.057 2 和 0.023 6；1992—2004 年和 2013—2016 年分别下降了 0.078 3 和 0.061 5。景观生态安全状态指数的变化趋势总体呈 V 形递增变化。其中 1988—2002 年下降了 0.077 7；2003—2016 年增加了 0.077 7。景观生态安全响应指数的变化趋势总体呈倒 N 形递增变化。其中 1988—1991 年和 2014—2016 年下降了 0.105 3 和 0.031 6；1992—2013 年增加了 0.245 8。

（3）石羊河流域 1988—2016 年景观生态安全综合指数呈 N 形发展，其中

1988—1999 年和 2013—2016 年分别下降了 0.048 0 和 0.007 9；2000—2012 年增加 0.072 2。景观生态安全等级经历了敏感—风险—敏感三个阶段，研究期内总体上景观生态安全处于敏感阶段。其中 1988—1994 年和 2000—2016 年景观生态安全处于敏感阶段，而 1995—1999 年处于风险阶段，说明石羊河流域的生态系统结构处于合理与不合理的边缘，但总体逐渐趋于向合理方向发展，系统服务功能逐渐提升。

（4）通过 GM（1，1）模型对未来景观生态安全状况进行了预测，小误差概率和均方差比值精度检验合格，能够真实地反映石羊河流域景观生态安全变化趋势。石羊河流域景观生态安全预测值从 2017 年的 0.582 6 上升到 2022 年的 0.604 0，再从 2022 年的 0.604 0 上升到 2028 年的 0.630 8，景观生态安全等级从 2017 年的敏感趋于 2022 年、2028 年的一般安全状态，即景观生态安全度越来越高，生态环境越来越好。

第6章 基于 MCR 模型的景观 生态安全格局优化

6.1 研究方案

　　景观结构决定功能,功能的改变最终将从结构的变化中反映出来,而景观结构变化同样也会影响到景观组分的功能,其景观功能的变化促使其景观结构发生改变。综上,要提升生态安全必须构建新的景观格局,对其阻力值等级进行划分,以实现对区域景观安全水平的分类,使对策实施更加精准。

　　从上章景观生态安全评价可知,石羊河流域 1988—2016 年和 2017—2028 年的景观生态安全等级处于敏感和一般状态,生态安全度小于 0.640 0(最大值为 1),说明流域的生态环境整体较为一般,在生态环境治理和修复方面还有很大的提升空间。因此,采取怎样的方式和方法、如何建设生态屏障区、如何匹配区域资源与经济发展,如何实现人与自然的和谐发展,如何才能提升生态安全,避免生境质量下降、边缘效应增加和区域的生物多样性受威胁,这些都需要进一步对生态空间格局构建、优化进行方案设计。综上,本章借助景观生态安全格局理论(SP 理论),对景观生态的阻力因子进行表征,并利用最小累积阻力模型来构建和优化石羊河流域的景观生态安全格局,针对不同安全度的区域进行分区调控,以期为石羊河流域生态保护和修复提供理论依据。

6.2 景观生态安全格局(SP)理论

　　在景观生态学中,景观格局的本质是区域内不同的景观组分或要素相互镶嵌而产生的生态过程以及产生的某种结果。生态过程包含了组分或要素之间的能量交换、物质循环、物种迁移等一系列生态综合过程,这一生态综合过程是控制生态系统健康、结构合理稳定、生态功能有效发挥的关键。因此,景观格局能很好地反映区域的生态环境好坏(生态是否安全),而生态安全状况受到自然、社会、经济、环境等各个因素的影响，同时各个要素之间的相互变化及相互作用也会影响区域的生态安全格局。综上，如要构建区域生态安全格局就需要协调和优化生态系统各要素的配置，从而实现景观生态安全。

景观研究中的某些关键点、线、面构成了景观格局来反映生态过程，而这些所谓的关键点、线、面，被称为景观生态安全格局（简称 SP）。景观生态安全格局主要包括缓冲区、生态源地、生态廊道源间连接、辐射通道和生态战略节点等要素[245]，景观安全格局的构建主要依赖于 GIS 技术和最小累积阻力模型（MCR），并设计一些关键性的点、线、面或其他空间关系（"源"）来建立生态过程扩散的阻力面[246]，分析和模拟区域的景观生态过程，在此基础上构建新的景观生态安全格局，以达到对区域景观空间格局的有效控制，从而实现生态安全度的提升。

6.3 最小累积阻力模型

最小累积阻力模型（MCR）由 Knaapen 等人提出，是景观生态学研究中的关键方法，该模型在发展中引入了阻力值（多个阻力因素），通过定量计算不同景观单元的阻力值来表征生态安全程度的优劣[247]。本书就是依赖 GIS 技术和最小累积阻力模型（MCR）来构建景观生态安全度，计算公式如下：

$$MCR = f\min\sum_{j=n}^{i=m}D_{ij} \times R_i \qquad (6-1)$$

式（6-1）中 MCR 表示物种从源 j 到单元 i 之间穿越所有单元的距离与阻力的累积。D_{ij} 表示从源 j 到景观单元 i 的空间距离；R_i 表示相应的景观单元在物种移动过程中的阻力系数；f 表示最小累积阻力与生态过程的相关系数；min 表示被评价的斑块对于不同的源取阻力最小值[248]。

从式（6-1）可知，应用最小阻力模型应首先确定"源"和阻力因子。最小累积阻力模型的研究对象是距离、时间、资金等要素，均可以用该模型来分析各要素配置最优化。生物物种在经过栅格时需要克服的所有阻力值相加，即累积阻力，最小阻力值为最优解[249]。

图 6-1a 和图 6-1b 分别为最小阻力模型均质空间和异质空间中的栅格数据。其中在图 6-1a 中，物种 0-X 运动过程的实现，需要克服的累积阻力仅与经过栅格的距离远近相关；而在图 6-1b 中，物种 0-X 运动过程的实现，一方面与经过栅格的距离远近有关，另一方面还与经过栅格的属性有关[250]。

1	1	1	1	1
1	1	1	1	1
0	1	1	1	X
1	1	1	1	1
1	1	1	1	1

3	2	1	4	3
2	1	2	1	4
0	3	1	2	X
2	1	3	1	3
2	3	4	1	2

a：均质空间　　　　　　　　　b：异质空间

图 6-1　最小累积阻力模型在栅格数据空间分析中的应用

当研究对象在某种变化时不呈现一定的变化规律，该模型可以反映出变化概率最大的一种变化趋势。这种情况下，可将最小累积阻力的出现路径看作是变化最容易发生的位置或方向[251]。不同的景观尺度下，各种生态流之间的交换必须克服不同景观组分的阻力才能够实现。由于各个景观组分的多样性特点，景观组分在阻力空间上也呈现一定的规律性。同时，景观之间的生态流动会对区域的生态过程产生影响，而且在某种程度上可以影响景观功能的发挥[252-253]。因此，在满足不同景观的功能需求的前提下，结合景观内不同的影响要素构建最小耗费距离模型，综合分析景观阻力值的空间分布特征。

6.4　"源"与石羊河流域景观要素阻力因子确定

6.4.1　石羊河流域"源"地

对"源"的确定应根据景观格局优化所针对的具体生态过程，以及生态系统发挥的不同功能[254]。"源"是指能促进生态过程发展的景观组分，反映一个生态过程的源头或物种扩散并维持自身特征的原点，在景观生态中表现为能促进生态过程发展具有内部同质性和代表性的景观组分。对于区域整体景观组分，"源"被认为是受人为干扰较轻或没有受到干扰的连片性较大自然形成的景观斑块[255-256]，保证生态系统服务的可持续性[257]。

本书景观格局功能划分，根据石羊河流域景观组分斑块面积、景观丰度、景观空间分布、生物多样性、生态质量等影响因素，提取高生态价值的林地、草地、红崖山水库、青土湖和黄案滩荒漠湿地，以及连古城国家级自然保护区作为生态"源"地。这些"源"地作为干旱区调节作用强的高生态价值景观，对区域的生态环境影响显著。

6.4.2 石羊河流域景观要素阻力面评价体系构建

在"源"地确定之后，选取与生态过程或结果成反函数关系的阻力因子并分级。根据研究区域整个生态系统的状况，针对西北干旱区的石羊河流域来说，地形地貌、植被状况、景观破碎化、地质灾害以及景观组分等会对景观生态过程产生不同的影响和作用[258-259]，而且是关键性的作用。然而，石羊河流域作为西北内陆河，复杂的地形地貌造就了其特殊的地形和高程落差，从而导致景观生态安全差异。因此，选取地质地貌影响明显的地形位指数、影响规模效应显著的斑块重要性，以及不同景观组分发挥不同的影响力的景观组分，利用对石羊河流域影响明显的这三个阻力因子来构建景观要素阻力层。而阻力系数的值和阻力权重都是根据已有的或附近区域的研究进行判断，同时也征询了6位专家的意见，最终确定了阻力值的权重，阻力系数值和权重代表了不同景观的阻力值大小[260]。阻力值大小与生态安全水平的关系是相反的[261-262]。其中阈值根据组分数、整体连通性指数和可能连接度指数确定较为适宜的距离阈值为100米。

（1）景观组分

景观组分是区域内最具有代表性的景观因素，决定着景观阻力值的大小，故本书将景观组分因子权重设定为0.6。石羊河流域内景观组分为耕地、林地、草地、水体、建设用地、冰川和永久积雪用地、沙地和未利用地。其中，林草地和水体的生态价值高，相对阻力较小；而建筑用地、耕地、未利用地等受人为影响严重，相对阻力较大。

（2）地形位指数

地形位指数是针对高程和坡度的综合值，研究中将研究区域的高程和坡度两者依据式（6-1）计算方法得出，可以较为准确地反映出研究区域景观的地形地貌分布特征[263-264]，尤其受地形地貌影响明显的西北干旱地区。由于石羊河流域的海拔在2 010～5 000米，加上西北的光照、热量不足，以及坡度较大，水体流失严重，土壤的保墒能力不足，严重影响了农作物的生长。因此，对石羊河流域的地形位指数进行计算，并依据阻力值大小进行划分，同时，将地形位指数因子权重设定为0.15。其计算公式如下：

$$T = \lg(E/\overline{E}+1) \times (S/\overline{S}+1) \qquad (6-2)$$

式（6-2）中，T 为评价单元的地形位指数，E 和 $\overline{E}$ 分别为高程值和石羊河流域的平均高程值；S 和 $\overline{S}$ 分别为坡度值和石羊河流域的平均坡度值。

（3）斑块重要性

斑块重要性表示各个斑块之间的景观连通状况，这是斑块效应大小的重要观测点。测算景观斑块重要性时，选择的景观连接度指数不同，测得的景观斑块的重要性也有差异[265]。因此，本书依据一些学者的研究成果，对石羊河流域选用连通性指数测算斑块重要性，将石羊河流域的景观斑块中重要性因子的权重设定为0.25，其计算公式具体如下：

$$dI = \frac{I - I_{remove}}{I} \times 100\% \qquad (6-3)$$

式（6-3）中，I 为某一种景观的整体连通性指数；I_{remove} 为在景观中剔除斑块 i 后的整体连通性指数。

石羊河流域阻力因子权重与分级见表 6-1。

表 6-1　石羊河流域阻力因子权重与分级

阻力因子	权重	阻力分级	相对阻力值
景观组分	0.6	草地、林地	0
		冰川、水体	30
		耕地、未利用地	50
		建设用地	70
		沙地	100
地形位指数	0.15	0~1.0	0
		1.0~2.0	30
		2.0~3.0	50
		3.0~4.0	70
		4.0~5.0	100
斑块重要性	0.25	0~1.9	0
		1.9~3.8	30
		3.8~5.7	50
		5.7~7.6	70
		7.6~9.2	100

6.4.3　石羊河流域单因子阻力表面构建

阻力面说明了研究区各类的物质、能量"流"从"源"地克服各种阻力到达目的地的难易程度，同时也说明了研究区不同物种的空间流动趋势和潜在流动的可能性，因此阻力面可以为构建并优化景观安全格局提供合理的参考依据[265]。按照景观组分、地形位指数和斑块重要性确定的各自权重，在 Arcgis

中进行栅格计算，构建阻力因子分布。

在地形位指数、景观组分及斑块重要性的分布中，阻力值也呈现从低到高的状态，并和"源"地的缓冲区、辐射区的变化一致。其中，地形位指数阻力因子呈现西北低、东南高的趋势，主要是南部位于祁连山，山高坡陡，而东北部处于石羊河流域下游，地形平坦。斑块重要性呈现出西北、东南少数区域较高而西南部民勤县中部较低的特征，主要由斑块的细碎化造成。从景观组分的阻力面来看，1988—2016 年间石羊河流域的东部和东北部的阻力面越来越大，而西南区域、西北小部分区域的阻力面越来越小，这与景观组分生态价值高低密切相关。从地形位指数、斑块重要性和景观组分阻力面大部分区域可以看出，三者基本成正比例关系，只有少数区域成反比例关系。

6.5 基于最小累积阻力模型的景观安全格局动态变化分析

6.5.1 石羊河流域景观安全格局构建

首先，本书对石羊河流域 1988 年、1995 年、2004 年、2010 年和 2016 年景观组分综合阻力层的生态安全等级进行划分，采用 1/2 标准方差对阻力值与栅格之间的关系进行分析，并以此确定阻力面分区。其次，利用 MCR 模型（式 6-1）获得各因子阻力面累积耗费距离表面，划定不同影响程度的阻力因子表面；最后，根据构建的石羊河流域 1988 年、1995 年、2004 年、2010 年和 2016 年 5 个时期的景观组分阻力安全等级标准方差分区，将石羊河流域景观安全格局划分为不同安全水平的等级（高安全水平、中安全水平和低安全水平）。

其中，高安全水平格局表征研究区域整体生态最好，没有受到破坏，以原始自然生态系统为主；中安全水平格局表征研究区域生态环境较好，主要用于农业种植、产业发展和基础设施的修建，也是目前人口的聚居区域；低安全水平格局为研究区域生态环境受到侵害最为严重，区域发展受到明显影响，如矿区、城镇区域、土壤沙化区域等。

据此划分石羊河流域在 1988 年、1995 年、2004 年、2010 年和 2016 年 5 个时期的景观安全水平（高安全水平、中安全水平和低安全水平）。

6.5.2 石羊河流域景观安全格局动态变化分析

根据 1988—2016 年石羊河流域各时期景观安全格局，对各个年份的高安全水平、中安全水平、低安全水平进行统计分析，得到各年份景观安全格局面积（平方千米）与百分比（％），见表 6-2。

表 6-2　1988—2016 年石羊河流域景观安全格局统计

安全格局	1988 年		1995 年		2004 年		2010 年		2016 年	
	面积（平方千米）	比例（%）	面积（平方千米）	比例（%）	面积（平方千米）	比例（%）	面积（平方千米）	比例（%）	面积（平方千米）	比例（%）
高安全水平	6 518.72	15.67	5 495.36	13.21	4 734.08	11.38	4 351.36	10.46	4 800.64	11.54
中安全水平	26 611.52	63.97	26 020.80	62.55	24 747.84	59.49	22 867.52	54.97	24 876.80	59.80
低安全水平	8 469.76	20.36	10 083.84	24.24	12 118.08	29.13	14 381.12	34.57	11 922.56	28.66

（1）1988—1995 年

表 6-2 显示，高安全水平和中安全水平面积减少，低安全水平面积增加。其中石羊河流域高安全水平格局的面积从 1988 年的 6 518.72 平方千米减少至 1995 年的 5 495.36 平方千米，占总面积比例下降了 2.46 个百分点；中安全水平格局的面积从 1988 年的 26 611.52 平方千米减少至 1995 年的 26 020.80 平方千米，占总面积比例下降了 1.42 个百分点；低安全水平格局的面积从 1988 年的 8 469.76 平方千米上升至 1995 年的 10 083.84 平方千米，占总面积的比例上升了 3.88 个百分点。

（2）1995—2004 年

表 6-2 显示，高安全水平和中安全水平面积减少，低安全水平面积增加。其中石羊河流域高安全水平格局的面积从 1995 年的 5 495.36 平方千米减少至 2004 年的 4 734.08 平方千米，占总面积比例下降了 1.83 个百分点；中安全水平格局的面积从 1995 年的 26 020.80 平方千米减少至 2004 年的 24 747.84 平方千米，占总面积比例下降了 3.06 个百分点；低安全水平格局的面积从 1995 年的 10 083.84 平方千米上升至 2004 年的 12 118.08 平方千米，占总面积比例上升了 4.89 个百分点。

（3）2004—2010 年

表 6-2 显示，高安全水平和中安全水平面积减少，低安全水平面积增加。其中石羊河流域高安全水平格局的面积从 2004 年的 4 734.08 平方千米减少至 2010 年的 4 351.36 平方千米，占总面积比例下降了 0.92 个百分点；中安全水平格局的面积从 2004 年的 24 747.84 平方千米减少至 2010 年的 22 867.52 平方千米，占总面积比例下降了 4.52 个百分点；低安全水平格局的面积从 2004 年的 12 118.08 平方千米上升至 2010 年的 14 381.12 平方千米，占总面积比例上升了 5.44 个百分点。

（4）2010—2016 年

表 6 - 2 显示，高安全水平和中安全水平面积增加，低安全水平面积减少。其中石羊河流域高安全水平格局的面积从 2010 年的 4 351.36 平方千米上升至 2016 年的 4 800.64 平方千米，占总面积比例增加了 1.08 个百分点；中安全水平格局的面积从 2010 年的 22 867.52 平方千米上升至 2016 年的 24 876.80 平方千米，占总面积比例增加了 4.83 个百分点；低安全水平格局的面积从 2010 年的 14 381.12 平方千米减少至 2016 年的 11 922.56 平方千米，占总面积比例下降了 5.91 个百分点。

综上可知，高安全水平用地在 1988—1995 年下降幅度最大，下降幅度达 15.70 个百分点。中安全水平用地在 2010—2016 年增加幅度最大，增加幅度达 8.79 个百分点。低安全水平用地在 2010—2016 年下降幅度最大，下降幅度达 17.10 个百分点。

6.5.3　景观安全格局空间分布及分区调控

根据表 6 - 2 对石羊河流域在 1988 年、1995 年、2004 年、2010 年、2016 年的高安全水平、中安全水平、低安全水平进行空间上的分布说明，以及针对不同水平进行调控（图 6 - 2）。

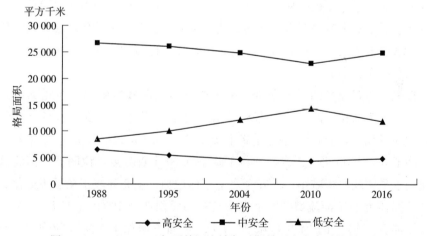

图 6 - 2　1988—2016 年石羊河流域各时期景观安全水平格局面积

（1）高安全水平

根据空间划分可知，高安全水平主要分布在武威市西南部、肃南县西南部、金昌市西北部等区域。其中 1988—2010 年石羊河流域高安全水平格局的面积从 1988 年的 6 518.72 平方千米下降至 2010 年的 4 351.36 平方千米，面积下降了 2 167.36 平方千米，比例下降了 5.21 个百分点，说明石羊河流域的生态环境正在逐步退化，受人类活动影响明显。而 2010—2016 年石羊河流域高安全水平格局的面积从 2010 年的 4 351.36 平方千米增加至 2016 年的 4 800.64 平方千米，面积增加了 449.28 平方千米，比例上升了 1.08 个百分点，说明石羊河流域的高安全水平区域在 2010 年之后有所增加，主要由于国家政策加大对石羊河的治理，以及农民保护环境意识的提升，对生态环境进行修复和保护，使高安全水平面积较 1988—2010 年有所恢复。

针对高安全水平区域的调控对策：①继续扩大高生态价值景观建设。对西北内陆干旱区来说，生态屏障区建设必须借助高生态价值景观来实现。各景观组分中，林地、草地和水体在西北生态环境中有调节区域气候、涵养水源、防风固沙的作用，属于高生态价值效益景观，应扩大对此类景观的建设和保护。而耕地、建设用地和未利用地属于轻扰动景观，减少人为因素的影响，积极推进向高价值生态景观的转变。冰川及永久积雪用地的减少是全球气候变暖的结果，积极响应政府提出的策略应对气候变化。

②优化生态屏障建设和保护模式。针对石羊河流域不同地域设计不同的整治、修复模式，如南部祁连山区山高地陡，林草地、水体、冰川及永久性积雪用地最多，应整体进行林草区建设，封山育林。中部绿洲区耕地和建设用地面积较大，对土地开发程度高，应该加大生态供水，减少人为因素的扰动，建立错落有致的景观廊道提升生态功能。北部荒漠区还在继续沙化，大力进行植树造林，增加下游供水，加大力度实行封山育林工程。

（2）中安全水平

根据空间划分可知，中安全水平主要分布在武威市中部、西北部和东南部、永昌县东部和西部。其中 1988—2010 年石羊河流域中安全水平格局的面积从 1988 年的 26 611.52 平方千米下降至 2010 年的 22 867.52 平方千米，面积下降了 3 744.00 平方千米，比例下降了 9.00 个百分点，说明石羊河流域的中安全水平用地面积减小，低安全水平用地增加，生态环境正在逐步退化。而 2010—2016 年石羊河流域中安全水平格局的面积从 2010 年的 22 867.52 平方千米增加至 2016 年的 24 876.80 平方千米，面积增加了 2 009.28 平方千米，比例上升了 4.83 个百分点，说明石羊河流域的中安全水平区域在 2010 年之后有所增加，主要由于退耕还林还草工程效应的显现和 2007 年对石羊河治理规划的实施，国家相关部门加强对流域生态的治理，使生态环境质量有所提升。

针对中安全水平区域调控对策：①进一步协调人类与自然环境的关系。坚持以自然修复为主，人工治理为辅，减少各组分景观之间的隔断。同时，禁止砍伐天然林，并不断扩大封禁范围，禁止烧柴，以减轻农民群众生活所造成的森林资源压力。

②引导景观组分向规模化发展。对现有的景观结构进行优化，对流域的耕地、林地、草地、建设用地、水体景观组分进行重新配置。对南部祁连山区，合理控制耕地和建设用地的开发，积极实施复绿工程。中部绿洲区合理利用耕地和水资源，提高建设用地效率，防止沙化。北部荒漠区防止人工绿洲扩展，按"就近原则"推进景观组分向规模化发展。

③健全全流域自然资源生态补偿机制。比如针对林地、草地、水体等自然资源，以发挥生态服务功能为第一要务。

（3）低安全水平

根据空间划分可知，低安全水平主要分布在民勤县的东北和西南区域、武威市东南区域和永昌县北部。其中 1988—2010 年石羊河流域低安全水平格局的面积从 1988 年的 8 469.76 平方千米增加至 2010 年的 14 381.12 平方千米，面积增加了 5 911.36 平方千米，比例增加了 14.21 个百分点，说明石羊河流域的低安全水平用地面积增加，致使高、中安全水平用地减少。而 2010—2016 年石羊河流域低安全水平格局的面积从 2010 年的 14 381.12 平方千米减少至 2016 年的 11 922.56 平方千米，面积减少了 2 458.56 平方千米，比例下降了 5.91 个百分点，说明石羊河流域的低安全水平区域在 2010 年之后面积减少，生态环境向中高安全水平转变。

针对低安全水平调控对策：①建立健全自然保护区。建立国家公园和自然保护区已成为各国保护自然生态和野生动植物免于灭绝并得以繁殖的主要手段。比如我国的神农架、卧龙等自然保护区，对动植物物种的保护和繁殖起到了重要的作用。要在祁连山国家自然保护区生态功能区划、生物多样性保护优先区域划分的基础上，探索石羊河流域的自然保护区的构建模式，摸清区内自然资源情况，开发生态系统管理新模式。

②对区域实行最严格的空间管制策略。通过划定区域内不同功能、不同建设发展特性的组分区，制定各组分区的开发标准和控制引导要求，尤其是对限制开发区和禁止建设区要有明确的标识，并加强政策的执行和管制。南部祁连山作为水源涵养区域，对核心区、缓冲区和试验区结合天然林保护工程，实行河水净化、封山育林、植被恢复与保护工程，在宜造林的荒山扩大林草种植，大力开展植树造林和矿山复绿行动，禁止矿石开采和人为原因的各种破坏。中部要适当压缩高耗水的粮食作物面积，以经济作物和草畜业为主，发展生态产业。北部荒漠区建立风沙防护林带，防控绿洲萎缩，严禁开垦荒地，稳定保持

其生态组分，严禁开垦放牧，建立生态保护区，提高区域自我恢复能力。

③实行生态移民政策。结合实施乡村振兴战略，着力转变祁连山保护区农牧民生产生活方式。当前国家大力实施易地扶贫搬迁，结合国家产业发展和区域的实际情况，适当实施生态移民，将祁连山内和荒漠边缘的人口，特别是祁连山跟前牧民外迁修建固定场所，减少对重点生态防御区的生态干扰，全面促进保护区休养生息，恢复稳定的植物群落结构。

6.6 本章小结

（1）石羊河流域的景观安全格局主要以中安全水平为主，占到全域总面积的 60%，而低安全水平占全域总面积的 30% 左右。

（2）景观生态格局中高安全水平用地、中安全水平用地的面积在 1988—2010 年分别递减 2 167.36 平方千米和 3 744.00 平方千米，2010—2016 年分别增加 449.28 平方千米和 2 009.28 平方千米；而低安全水平用地面积在 1988—2010 年增加 5 911.36 平方千米，2010—2016 年则减少 2 458.56 平方千米。其中高安全水平用地在 1988—1995 年下降幅度最大，下降幅度达 15.70%。中安全水平用地在 2010—2016 年增加幅度最大，增加幅度达 8.79%。低安全水平用地在 2010—2016 年下降幅度最大，下降幅度达 17.10%。

（3）针对高安全水平用地调控策略：①继续扩大高生态价值景观建设；②优化生态屏障建设和保护模式。中安全水平用地调控策略：①进一步协调人类与自然环境的关系；②引导土地利用向规模化发展；③健全全流域自然资源生态补偿机制。低安全水平用地调控策略：①建立健全自然保护区；②对区域实行最严格的空间管制策略；③实行生态移民政策。

第7章 结论与讨论

7.1 讨论

第一，社会经济发展、景观格局的变化必然会引起生态系统结构和功能的变化，同时会影响景观结构的分布。本书通过梳理一些学者利用景观格局的研究成果发现，研究区域存在生境质量下降、边缘效应增加、生物多样性受到侵害等现象，而这些都与景观结构变化有关，是景观结构的破碎化所导致的，并使研究区域生态环境变差，影响了人类的正常生活。如尤瑞玲通过对湖北省安陆市烟店镇土地整理项目土地利用变化研究发现景观生态环境也会随着土地利用变化而变化[266]。杨淑华通过对黄河三角洲的研究发现景观组分的变化导致区域的生态发生了剧烈的恶化[267]。周强对潍河下游滨海平原研究发现景观变化造成了非点源污染、海咸水入侵等生态问题[268]。因此，研究景观生态的演变过程对区域和谐发展具有推动作用，其研究结果与区域实际情况一致，充分说明了利用景观生态学可以很好地演化区域的生态变化过程，反映区域的生态状况，对生态策略的制定和修复起关键作用。综上，本书利用景观生态学对石羊河流域的生态变化过程予以揭示，发现流域目前及未来模拟年份的生态安全等级一般，也存在图斑破碎化、边缘效应增加、生境质量下降等问题，主要原因是受祁连山生态事件的影响，以及石羊河流域处于生态脆弱区和人口最稠密的区域，人类的干扰较为强烈，加上自然灾害频发，使流域的生态安全度整体不高。因此，本书利用最小累积阻力模型（MCR）来构建生态安全体系、优化景观生态功能，今后可从不同的视角、运用不同的研究方法来进一步加深对生态安全的构建和优化。

第二，在利用 Landsat 系列遥感数据合成时，不同时相、不同数据质量的影像会对景观组分信息提取产生影响，而且人工目视判读也会对结果精度产生影响，如本研究中 2004 年影像质量较差，解译的精度有所降低，导致对景观安全格局划分有所影响。在以后研究中应考虑采用如 SPOT、QuickBird 等更高分辨率的遥感影像数据，使数据能更加精准地反映景观格局的变化过程。本书利用景观生态学来研究石羊河流域的生态变化状况，因此，在解译中以各个年份的景观组分为主，根据生态价值的作用高低状况，在耕地、林草地、水体等景观组分划分的基础上进一步划分了沙地、冰川及永久积雪用地两大景观组分，已有的研究如张学斌、魏伟和周俊菊等学者对石羊河流域的景观格局进行了研究[269-271]。沙地和冰川及永久积雪用地这两大景观组分属于石羊河流域特有的景观，也是与其他区域景观的差异之处，也是在景观生态学研究中少有的景观组分。这两个景观组分的变化可以很好地反映区域南部的祁连山区域水源涵养地及北部荒漠区生态变化过程，更能反映石羊河流域的生态变化状况。因此，这两个景观组分的添加对石羊河流域以及西北同类景观组分区域具有很强的生态指导意义。随着今后研究的深入，进一步提高和细化研究精度的同时，对景观组分也进行进一步的划分（进一步凸显石羊河流域景观组分对生态过程演绎的独特性），而且在研究尺度上可考虑在石羊河流域上游祁连山区、中游绿洲区和下游荒漠区采用分辨率更高的影像来研究景观生态问题，对区域的生态过程认识会更加精准，对策的制定会更加具有针对性。

第三，针对景观变化的驱动因子、景观生态安全评价的指标体系，以及阻力面因子的选取，是研究景观生态安全的关键，如欧定华根据研究区域的实际情况，对成都市龙泉驿区的景观生态状况进行了研究[272]；于潇从土地整理的景观要素出发，对三江平原典型农场的景观生态安全进行了研究[273]；肖轶针对土地利用组分的变化，对黔南布依族苗族自治州土地景观生态安全格局进行了研究等[274]。以上研究指标的选取从区域特色出发，很好地揭示了研究区域的景观生态状况。但是，到目前为止针对此方面的研究还没有统一的范式，而且我国各个区域的研究都各具特色。首先，本书中石羊河流域景观变化的驱动因子从自然和人文两个方面来构建，但是发展过程中，由于西北地区生态的复杂性和脆弱性，常常会受自然灾害的驱动，以及受政策的调控影响。因此，下一步的研究方向是如何进一步建立健全驱动机制。

第四，景观生态安全评价选取 P-S-R 模型，从自然、社会、经济和生态四个方面来构建评价因子，压力层、状态层和响应层应一一对应，这在生态安全研究中已经取得了丰富的成果，但是本研究着重利用景观生态学研究流域的生态变化，因此在各指标层构建时着重突出流域的景观属性，而关于景观评价指标国内外可参考的研究较少，没有可供参考的标准，因此指标体系选取中评价因子难免有疏漏之处，也是以后需要改进的地方。

第五，阻力因子的选择与阻力赋值也是影响最终结果的主要方面，阻力因子众多，且影响差异明显，本研究在选取阻力因子方面仍然有需要改进的地方。

7.2　结论

7.2.1　石羊河流域景观格局变化及驱动力研究

本研究通过景观指数、动态度、重心变化和转置矩阵模型，Logistic 回归模型对石羊河流域 1988—2016 年的景观格局状况、特征及其驱动因子进行了研究，研究结果表明：

（1）从景观分布现状可知 1988—2016 年石羊河流域在研究期内人类活动明显，景观越来越缺乏异质性。其中耕地、林地、水体、建设用地、冰川及永久性积雪用地都存在破碎化现象，边缘趋向复杂，但是建设用地、未利用地景观分布越来越紧密；而草地、沙地和未利用地向规模化发展，边缘趋于规整，草地分布分散，而耕地、林地和沙地目前处于不紧密、也不分散的状态。

（2）①1988—2016 年石羊河流域景观综合动态度为 0.44%/年，呈 V 形发展。而 1988—2016 年石羊河流域景观单一动态度增加最快的是建设用地，减少最快的是水体。②景观组分空间变化中建设用地、沙地、未利用地、水体、耕地、冰川及永久积雪用地朝南方迁移，草地、林地向北方迁移。③1988—2016 年石羊河流域景观变化转置面积增加最多的是草地，主要来源于建设用地、林地；其次是沙地，主要来源于建设用地、未利用地、林地、耕地；再次是耕地，主要来源于未利用地、水体、林地和草地；最后是建设用地，主要来源于耕地、水体、草地、林地和未利用地。④1988—2016 年石羊河流域景观组分变化转置面积减少最多的是未利用地，主要转置为沙地和耕地；其次是林地，主要转置为沙地、耕地和未利用地；再次是水体，主要转置为耕地和未利用地；最后为冰川及永久积雪用地，主要转置为沙地。

（3）石羊河流域 1988—2016 年耕地变化主要受自然因素、人口状况和生活水平驱动。林地变化主要受自然因素中的气候、地形和土壤驱动。草地变化主要受自然因素中的气候和地形驱动。水体变化主要受人口状况、农业生产与人口发展因素驱动。建设用地变化主要受人口状况、生活水平和经济发展因素驱动。冰川及永久积雪用地变化主要受经济发展和自然因素驱动。沙地变化主要受科技水平驱动。未利用地变化主要受自然因素驱动。

7.2.2　石羊河流域景观变化动态模拟与分析研究

通过构建 CA-Markov 模型模拟 2022 年、2028 年景观生态图，并分析 2022 年、2028 年景观格局变化状况，研究结果表明：

（1）利用 CA-Markov 模型构建石羊河流域 2016 年的景观生态图和预测模拟图，通过数量和空间精度检验，验证了 CA-Markov 模型在石羊河流域景观格局模拟中具有较高可信度，而且其模拟结果与实际情况相符，该模型对未来的预测模拟可行性高。根据预测模拟结果，石羊河流域 2022 年、2028 年景观组分中的耕地、林草地、水体、沙地景观组分面积增加，而建设用地、冰川及永久积雪用地、未利用地景观组分面积则减少。2017—2028 年比 1988—2016 年的景观结构更均质化，景观组分越来越成熟。

（2）从构建的景观格局分析指数可知，1988—2016 年间石羊河流域斑块个数、斑块密度、散布与并列指数、边缘密度、分维数、多样性指数和均匀度指数总体呈递增趋势，平均斑块面积、蔓延度指数和聚集度指数总体呈递减趋势，而 2017—2028 年斑块个数、斑块密度、散布与并列指数、边缘密度、分维数、多样性指数和均匀度指数总体呈递减趋势，平均斑块面积、蔓延度指数和聚集度指数总体呈递增趋势，说明石羊河流域在 1988—2016 年景观斑块从连接性好的景观格局逐渐向连接性差的景观格局演变，景观斑块的几何形状越来越复杂，而 2017—2028 年景观破碎度程度减小，景观边缘与其他组分接触少，空间分布由分散趋向集中分布，空间分布紧密程度增强，景观组分分布趋势向优势景观分布。2017—2028 年各景观组分比 1988—2016 年破碎度程度都有所减小。

7.2.3 石羊河流域景观生态安全评价与预测研究

本书通过 P-S-R 模型构建景观生态安全评价指标体系进行生态安全评价，并利用 GM（1，1）模型预测 2017—2028 年的景观生态安全状况，研究结果表明：

（1）石羊河流域 1988—2016 年景观生态安全综合指数呈 N 形发展，综合指数从 1988 年的 0.543 4 到 2016 年的 0.565 7，根据景观生态安全等级经历了敏感—风险—敏感三个阶段，研究期内总体上景观生态安全处于敏感阶段。其中 1988—1994 年和 2000—2016 年景观生态安全处于敏感阶段，而 1995—1999 年处于风险阶段。

（2）在准则层中，景观生态安全压力指数的变化趋势呈 M 形发展，总体呈递减变化，其中 1988—1991 年和 2005—2012 年增加，1992—2004 年和 2013—2016 年减少。景观生态安全状态指数的变化趋势呈 V 形发展，总体呈递增变化，其中 1988—2002 年增加，2003—2016 年减少。景观生态安全响应指数的变化趋势呈倒 N 形发展，总体呈递增变化，其中 1992—2013 年响应指数增加，1988—1991 年和 2014—2016 年响应指数减少。

（3）通过 GM（1，1）模型对未来景观生态安全状况进行了预测，小误差概率和均方差比值精度检验合格，能够真实地反映石羊河流域景观生态安全变化趋势。石羊河流域景观生态安全预测值从 2017 年的 0.582 6 上升到 2028 年的 0.630 8，景观生态安全等级从 2017 年敏感状态趋于 2022 年、2028 年的一般状态，即景观生态安全度越来越高，生态环境越来越好。

7.2.4　石羊河流域景观生态安全构建与优化研究

通过最小累积阻力模型（MCR）来优化和构建石羊河流域的景观生态安全格局，研究结果表明：

（1）石羊河流域的景观生态以中安全水平为主，占到全域总面积的 60%，而低安全水平占全域总面积的 30% 左右。

（2）景观生态格局中高生态水平用地、中生态水平用地的面积在 1988—2010 年递减，2010—2016 年增加；而低生态水平用地面积在 1988—2010 年增加，2010—2016 年则减少。

（3）针对景观生态安全水平的格局进行调控。其中高安全水平用地调控策略：①继续扩大高生态价值景观建设；②优化生态屏障建设和保护模式。中安全水平用地调控策略：①进一步协调人类与自然环境的关系；②引导土地利用向规模化发展；③健全全流域自然资源生态补偿机制。低安全水平用地调控策略：①建立健全自然保护区；②对区域实行最严格的空间管制策略；③实行生态移民政策。

7.3　创新点及研究展望

①针对石羊河流域，提出景观格局指数和 Logistic 回归模型分析 1988—2016 年景观状况及变化驱动因子，利用 CA-Markov 模型模拟 2017—2028 年的石羊河流域景观格局变化，并利用 P-S-R 模型对景观生态安全状况进行现状评价和目标年预测，在此基础上，利用最小累积阻力模型（MCR）优化景观生态安全状况，上述研究是根据"景观格局现状—模拟—评价（预测）—构建（优化）"的思路来设计的，各阶段取长补短，环环相扣，系统化地揭示生态问题，丰富和完善了景观生态学学科研究体系。而目前已有的研究只是针对研究思路中的某一个模块进行研究，体系化的研究较为少见，尤其是针对生态屏障建设的脆弱生态区域系统化更是少见，因此，本研究对景观生态安全学

科研究的推进作用显而易见。

②本书首次将最小累积阻力模型（MCR）用于石羊河流域景观生态安全研究，其发源于祁连山国家自然保护区。目前国内外研究大多将 MCR 模型用于城市或经济发达地区，而针对影响因素复杂、生态环境脆弱的内陆河流域研究较少，本次研究对于石羊河流域景观生态安全研究是一种全新的尝试，该模型测算结果客观性强，是今后景观生态安全研究的重要研究方法。

③本书具有时间跨度长、时效新、研究区热、迫切性强等特点，将石羊河流域景观格局变化及驱动力分析、基于 CA-Markov 模型景观变化动态模拟和基于 P－S－R、GM（1，1）景观生态安全评价及预测结合起来，最终生成基于 MCR 模型的景观生态安全格局优化结果，实现了定性与定量、景观生态理论与现代信息技术相结合、现状与模拟景观的生态过程表征与格局评价的内容相衔接，对构建石羊河流域景观生态安全在方法和思路上进行了积极探索。

参 考 文 献

[1] 阚枫，2017. 中央措辞严厉批祁连山生态问题 [N]. 中国矿业报，07‐21 (2).

[2] 李海云，姚拓，张建贵，等，2018. 东祁连山退化高寒草地土壤细菌群落与土壤环境因子间的相互关系 [J]. 应用生态学报，29 (11)：3793‐3801.

[3] 王涛，高峰，王宝，等，2017. 祁连山生态保护与修复的现状问题与建议 [J]. 冰川冻土，39 (2)：229‐234.

[4] 武雪峰，2017. 构筑生态高地建设美好家园——祁连山生态保护在行动 [J]. 中国经贸导刊 (34)：25‐28.

[5] Li WD，Li ZZ，Wang JQ，2017. Evaluation of oasis ecosystemrisk by reliability theory in an arid area：A case study in the Shiyang river Basin, China [J]. Journal of Environmental Sciences (19)：508‐512.

[6] Zhu YH，Wu YQ，Sam D，2004. A survey：Obstacles and strategies for the development of ground-water resources in arid inland river basins of Western China [J]. Journal of Arid Environments (59)：351‐367.

[7] 杨东，2013. 石羊河流域上游水源涵养区保护与流域供水安全 [J]. 中国水利 (5)：45‐47.

[8] Peiji SHI，Xuebin ZHANG，Jun LUO，et al. ，2012. Response of Ecological Services Value to Land Use Change in the Shiyang River Basin：A case study in Wuwei region [J]. Advanced Materials Research，Huhehaote (7)：23‐27.

[9] Wei Wei，Yaowen Xie，Peiji Shi，et al. ，2017. Spatial Temporal Analysis of Land Use Change in the Shiyang River Basin in Arid China，1986—2015 [J]. Polish Journal of Environmental Studies，26 (4)：1789‐1796.

[10] Bonfanti P，Fregonese A，Sigura M，1997. Landscape analysis in areas affected by land consolidation [J]. Landscape and Urban Planning，37 (1)：91‐98.

[11] Zhang R，Pu L，Li J，et al. ，2016. Landscape ecological security response to land use change in the tidal flat reclamation zone，China [J]. Environmental Monitoring & Assessment，188 (1)：1‐10.

[12] 张保华，谷艳芳，丁圣彦，等，2007. 农业景观格局演变及其生态效应研究进展 [J]. 地理科学进展，26 (1)：114‐122.

[13] 夏北成，2010. 城市生态景观格局及生态环境效应 [M]. 北京：科学出版社.

[14] 魏伟，石培基，周俊菊，等，2014. 基于 GIS 的石羊河流域可持续发展能力评估 [J]. 地域研究与开发，33 (6)：170‐174.

［15］许瑞泉，2009. 科技创新战略中的甘肃省"十二五"生态环境建设展望［J］. 开发研究，143（4）：46－50.

［16］钱者东，蒋明康，刘鲁君，等，2011. 陕北榆神矿区景观变化及其驱动力分析［J］. 水土保持研究，18（2）：90－93.

［17］邬建国，2000. 景观生态学——格局、过程、尺度与等级［M］. 北京：高等教育出版社.

［18］Forman R T，Godron M，1986. Landscape Ecology［M］. New York：Wiley & Sons.

［19］Forman R T，1995. The Ecology of Landscape and Regions［M］. Cambridge University Press，Cambridge.

［20］Burrough P. A，De Cola. L，Milne B. T，Olsen E. R，Ramsey. Rand Winn D. S，1986. Principles of Geographical Information Systems for Land Resources Assessment［M］. Oxford University Press.

［21］Neill R V，Krummel J R，et al，1988. Indices of landscape pattern［J］. Landscape ecology，1（3）：153－162.

［22］Hulshoff R M，1995. Landscape indices describing a Dutch landscape［J］. Landscape ecology，10（2）：101－111.

［23］肖笃宁，赵界，孙中伟，等，1990. 沈阳西郊景观格局变化的研究［J］. 应用生态学报，1（1）：75－84.

［24］杨国靖，肖笃宁，2003. 林景观格局分析及破碎化评价——以祁连山西水自然保护区为例［J］. 生态学杂志，22（5）：56－61.

［25］王让会，2003. 塔里木河流域生态景观格局的遥感信息提取与分析［J］. 北京林业大学学报，25（2）：43－47.

［26］周源，肖文发，范文义，2007. "3S"技术在景观生态学中的应用［J］. 世界林业研究，20（2）：38－44.

［27］赵永华，贾夏，刘建朝，等，2013. 基于多源遥感数据的景观格局及预测研究［J］. 生态学报，33（8）：2556－2564.

［28］王思楠，李瑞平，韩刚，等，2018. 基于遥感数据对毛乌素沙地腹部旱情等级的景观变化特征分析［J］. 干旱区地理，41（5）：182－189.

［29］Rudel T K，2009. Tree farms：Driving forces and regional pat-terns in the global expansion of forest plantations［J］. Land Use Policy，26（4）：545－550.

［30］Jaimes N B P，Sendra J B，Delgado M G，et al，2010. Exploring the driving forces behind deforestation in the state of Mexico using geographically weighted regression［J］. Ap-plied Geography，30（4）：576－591.

［31］Hayes J J，Robeson S M，2009. Spatial variability of landscape patternchange following a ponderosa pine wildfire in northeastern newMexico，USA［J］. Physical Geography，30（5）：410－429.

［32］Navarro-Cerrillo R M，Guzman-Alvarez J R，2013，Clavero-Rumbao Ia spatial pattern analysis of landscape changes between 1956—1999 of pinus halepensis miller plantations in montes demalaga state park（Andalusia，Spain）［J］. Applied Ecology and Environmental Research，11（2）：293 - 311.

［33］刘明，王克林，2008. 洞庭湖流域中上游地区景观格局变化及其驱动力［J］. 应用生态学报，19（6）：1317 - 1324.

［34］刘世薇，周华荣，黄世光，等，2011. 喀什地区景观格局时空演变及驱动力分析［J］. 干旱地区农业研究，29（1）：210 - 218.

［35］沃晓棠，2010. 基于气候变化的扎龙湿地土地利用及可持续发展评价研究［D］. 哈尔滨：东北农业大学.

［36］许吉仁，董霁红，2013. 1987～2010 年南四湖湿地景观格局变化及其驱动力研究［J］. 湿地科学，11（4）：438 - 445.

［37］李传哲，于福亮，刘佳，2009. 分水后黑河干流中游地区景观动态变化及驱动力［J］. 生态学报，29（11）：5832 - 5842.

［38］Guo J，Zhao X，Li Y，et al，2012. Primary motor cortex activity reduction under the regulation of SMA by real-time MRI［J］. ProcSpie，8317（3）：3.

［39］Nuryanto，Eko D，2015. Simulation of Forest Fires Smoke Using WRF-Chem Model with FINNFire Emissions in Sumatera［J］. Procedia Environmental Sciences，24：65 - 69.

［40］阳文锐，2016. 北京城市景观格局时空变化及驱动力［J］. 生态学报，35（13）：4357 - 4366.

［41］吕金霞，蒋卫国，王文杰，等，2018. 近 30 年来京津冀地区湿地景观变化及其驱动因素［J］. 生态学报，38（12）：4492 - 4503.

［42］王冬梅，孟兴民，邢钊，等，2012. 基于 RS 的武都区植被覆盖度动态变化及其驱动力分析［J］. 干旱区资源与环境，26（11）：92 - 97.

［43］于晓宇，李建龙，刘旭，等，2007. 南京市绿地结构变化的遥感监测及驱动力分析［J］. 南京林业大学学报（自然科学版），31（3）：73 - 77.

［44］付晖，2015. 海口市城市绿地景观格局动态变化研究［J］. 福建林业科技，42（3）：142 - 146.

［45］李桢，刘淼，薛振山，等，2018. 基于 CLUE-S 模型的三江平原景观格局变化及模拟［J］. 应用生态学报，29（6）：1805 - 1812.

［46］Ward D P，Murray A T，Phin S R，2000. A stochastically constrained cellular model of urban growth［J］. Computers，Environment and Urban Systems，24（6）：539 - 558.

［47］Syphard A D，Clarke K C，Franklin J，2005. Using a cellular automaton model to forecast the effects of urban growth on habitat pattern in southern California［J］. Ecological Complexity，2（2）：185 - 203.

［48］Clarke K C，Gaydos L J，1998. Loose-coupling a cellular automation model and GIS：

long-term urban rowth prediction for San Francisco and Washington-Baltimore [J]. International Journal of Geographic Information Science, 12 (7): 699 - 714.

[49] 于欢, 何政伟, 张树清, 等, 2010. 基于元胞自动机的三江平原湿地景观时空演化模拟研究 [J]. 地理与地理信息科学, 26 (4): 90 - 94.

[50] 韩文权, 常禹, 2004. 景观动态的 Markov 模型研究——以长白山自然保护区为例 [J]. 生态学报, 24 (9): 1958 - 1965.

[51] 郭碧云, 张广军, 2009. 基于 GIS 和 Markov 模型的内蒙古农牧交错带土地利用变化 [J]. 农业工程学报, 25 (12): 291 - 300.

[52] 黄超, 唐南奇, 张黎明, 等, 2011. 基于 CA-Markov 模型的永春县景观格局动态模拟 [J]. 福建农林大学学报 (自然科学版), 40 (5): 535 - 539.

[53] 张晓娟, 周启刚, 王兆林, 等, 2017. 基于 MCE-CA-Markov 的三峡库区土地利用演变模拟及预测 [J]. 农业工程学报, 33 (19): 268 - 277.

[54] Ma K M, Fu B J, Li X Y, et al, 2004. The concept and theoretical basis of the regional pattern of ecological security [J]. Acta Ecologica Sinica, 24 (4): 761 - 768.

[55] Verboom J, Wamelink W, 1999. Spatial modeling in landscape ecolog y. In: Wiens, J. A, Moss, M. R. Eds., Issues in Landscape Ecology, Proceedings of the Fifth World Congress [J]. International Association for Landscape Ecology. Snowmass Village, USA. 38 - 44.

[56] 彭建, 党威雄, 刘焱序, 等, 2015. 景观生态风险评价研究进展与展望 [J]. 地理学报, 70 (4): 664 - 677.

[57] 李新琪, 金海龙, 朱海涌, 2010. 干旱区内陆艾比湖流域平原区景观生态安全评价研究 [J]. 干旱环境监测, 24 (2): 84 - 89.

[58] 俞孔坚, 李博, 李迪华, 2008. 自然与文化遗产区域保护的生态基础设施途径——以福建武夷山为例 [J]. 城市规划, 32 (10): 88 - 92.

[59] 裴欢, 魏勇, 王晓妍, 等, 2014. 耕地景观生态安全评价方法及其应用 [J]. 农业工程学报, 30 (9): 212 - 219.

[60] 游巍斌, 何东进, 巫丽芸, 等, 2011. 武夷山风景名胜区景观生态安全度时空分异规律 [J]. 生态学报, 31 (21): 6317 - 6327.

[61] 游巍斌, 何东进, 黄德华, 等, 2011. 武夷山风景名胜区景观格局演变与驱动机制 [J]. 山地学报, 29 (6): 677 - 688.

[62] 高宾, 李小玉, 李志刚, 等, 2010. 基于景观格局的锦州湾沿海经济开发区生态风险分析 [J]. 生态学报, 31 (12): 3441 - 3450.

[63] 孙翔, 朱晓东, 李杨帆, 2008. 港湾快速城市化地区景观生态安全评价——以厦门市为例 [J]. 生态学报, 28 (8): 3563 - 3573.

[64] 王绪高, 李秀珍, 贺红士, 等, 2005. 1987 年大兴安岭特大火灾后北坡森林景观生态恢复评价 [J]. 生态学报, 25 (11): 3098 - 3106.

[65] 宋冬梅, 肖笃宁, 张志城, 等, 2004. 石羊河下游民勤绿洲生态安全时空变化分析

［J］. 中国沙漠，24（3）：335 - 343.

［66］朱卫红，苗承玉，郑小军，等，2014. 基于 3S 技术的图们江流域湿地生态安全评价与预警研究［J］. 生态学报，34（6）：1379 - 1390.

［67］吴妍，赵志强，龚文峰，等，2010. 太阳岛湿地景观生态安全综合评价［J］. 东北林业大学学报，38（1）：101 - 104.

［68］李雪冬，杨广斌，周越，等，2016. 基于 3S 技术的岩溶地区城市景观生态安全评价——以贵阳市为例［J］. 中国岩溶，35（3）：340 - 348.

［69］宋晓媚，周忠学，王明，2015. 城市化过程中都市农业景观变化及其生态安全评价——以西安市为例［J］. 冰川冻土，37（3）：835 - 844.

［70］陈利顶，孙然好，刘海莲，2013. 城市景观格局演变的生态环境效应研究进展［J］. 生态学报，4（4）：1042 - 1050.

［71］谢花林，刘黎明，2003. 城市边缘区乡村景观综合评价研究——以北京市海淀区白家疃村为例［J］. 地域研究与开发，22（6）：76 - 79.

［72］角媛梅，马明国，肖笃宁，2003. 黑河流域中游张掖绿洲景观格局研究［J］. 冰川冻土，25（1）：94 - 99.

［73］李晓燕，张树文，2005. 基于景观结构的吉林西部生态安全动态分析［J］. 干旱区研究，22（1）：57 - 62.

［74］肖荣波，周志翔，王鹏程，等，2004. 武钢工业区绿地景观格局分析及综合评价［J］. 生态学报，24（9）：1924 - 1930.

［75］唐宏，王野，冉瑞平，等，2015. 基于景观邻接特征的绿洲生态安全变化分析——以土库曼斯坦马雷绿洲区为例［J］. 干旱区研究，32（4）：637 - 643.

［76］胡巍巍，王根绪，邓伟，2008. 景观格局与生态过程相互关系研究进展［J］. 地理科学进展，27（1）：18 - 24.

［77］Forman R，1999. Land mosaics：the ecology of landscape and regions［M］. Cambridge：Cambridge University Press.

［78］Ralf Seppelt，Alexey Voinov，2002. Optimization methodology for land use patterns using spatially explicit landscape models［J］. Ecological Modelling，151：125 - 142.

［79］Allan I，Peterson J，2002. Spatial modeling in decision support for land-use planning：a demonstration from the Lallal catchment，Victoria，Ausrialia［J］. Australian Geographical Studies，40（1）：84 - 92.

［80］Chen J H，Wang J R，2002. Analysis ecological applicability of land usage in regional environmental impact assessment（REIA）［J］. Environmental Protection Science，28（4）：52 - 54.

［81］Makowski D，HendrixE M T，van Ittersum M K，Rossing W A H，2000. A framework to study nearly optimal solutions of linear programming models developed for agricultural land use exploration［J］. Ecological Modelling，1（131）：65 - 77.

［82］俞孔坚，乔青，李迪华，等，2009. 基于景观安全格局分析的生态用地研究——以北

京市东三乡为例 [J]. 应用生态学报, 20 (8): 1932 - 1939.

[83] 龙涛, 刘学录, 黄万状, 2015. 基于系统耦合的区域生态安全格局构建——以酒泉市肃州区为例 [J]. 中国农学通报, 31 (5): 132 - 138.

[84] 郭明, 肖笃宁, 李新, 2004. 黑河流域酒泉绿洲景观生态安全格局分析 [J]. 生态学报, 26 (2): 457 - 466.

[85] 陆禹, 佘济云, 陈彩虹, 等, 2015. 基于粒度反推法的景观生态安全格局优化——以海口市秀英区为例 [J]. 生态学报, 35 (19): 6384 - 6393.

[86] 吉冬青, 文雅, 魏建兵, 等, 2013. 流溪河流域土地利用景观生态安全动态分析 [J]. 热带地理, 33 (3): 299 - 306.

[87] 潘竟虎, 刘晓, 2016. 疏勒河流域景观生态风险评价与生态安全格局优化构建 [J]. 生态学杂志, 35 (3): 791 - 799.

[88] Turner M G, 1989. Landscape ecology: the effect of pattern on process [J]. Annual review of ecology and systematics (20): 171 - 197.

[89] Mac Arthur RH, Wilson E O, 1967. The Theory of Island Biogeography [M]. Princeton, Princeton University Press.

[90] Forman, R. T. T. and M. Godron, 1986. Landscape E-cology. John Wiley & Sons, New York.

[91] Seppelt R, Voinov A, 2002. Optimization methodology for land use patterns using spatially explicit landscape models [J]. Ecological Modelling, 151 (2 - 3): 125 - 142.

[92] 李晖, 易娜, 姚文璟, 等, 2011. 基于景观安全格局的香格里拉县生态用地规划 [J]. 生态学报, 31 (20): 5928 - 5936.

[93] 张玉虎, 于长青, 等, 2008. 风景区生态安全格局构建方法研究——以北京妙峰山风景区为例 [J]. 干旱区研究, 25 (3): 420 - 426.

[94] 贾毅, 闫利, 余凡, 等, 2016. 石羊河流域土地利用变化与景观格局分析 [J]. 遥感信息, 31 (5): 66 - 73.

[95] 张晓东, 颉耀文, 史建尧, 等, 2008. 石羊河流域土地利用与景观格局变化 [J]. 兰州大学学报 (自科版), 44 (5): 19 - 25.

[96] 朱小华, 宋小宁, 2010. 石羊河流域景观格局变化分析与转移倾向因子 [J]. 兰州大学学报 (自然科学版), 46 (1): 65 - 71.

[97] 李秀梅, 2012. 石羊河流域景观动态与成因研究 [D]. 北京: 中国林业科学研究院.

[98] 胡宁科, 2009. 基于3S技术的绿洲景观变化研究——以典型绿洲民勤绿洲为例 [D]. 上海: 中国石油大学 (华东).

[99] 徐当会, 2002. 河西走廊荒漠化土地景观格局变化机理及荒漠化程度评价研究 [D]. 兰州: 甘肃农业大学.

[100] 孟凡萍, 2016. 生态敏感区土地利用累积生态影响研究——以民勤绿洲为例 [D]. 兰州: 兰州大学.

[101] Li XY, Xiao DN, 2005. Dynamics of water resources and land use in oases in middle

and lower reaches of Shiyang River watershed, Northwest China [J]. Advances In Water Science, 16 (5): 643.

[102] Li Y, Qi XM, Dong SC, Wang LL, Fang YD, 2008. Farmland use changes at oasis areas in the middle and lower reaches of Shiyang River Basin, Gansu Province of China [J]. Transactions of the Chinese Society of Agricultural Engineering, 24 (4): 117-121.

[103] 潘慧, 2016. 民勤县景观格局及其生态敏感性分析 [D]. 兰州: 甘肃农业大学.

[104] 张学斌, 石培基, 罗君, 等, 2014. 基于景观格局的干旱内陆河流域生态风险分析——以石羊河流域为例 [J]. 自然资源学报, 29 (3): 410-419.

[105] 魏伟, 石培基, 雷莉, 等, 2014. 基于景观结构和空间统计方法的绿洲区生态风险分析——以石羊河武威、民勤绿洲为例 [J]. 自然资源学, 29 (12): 2023-2035.

[106] 魏晓旭, 2016. 基于 GIS 和 RS 的石羊河流域景观生态风险研究 [D]. 兰州: 西北师范大学.

[107] 马中华, 2012. 基于 LAPSUS 模型的山区土壤侵蚀定量研究和生态适宜性评价 [D]. 兰州: 西北师范大学.

[108] 赵旭喆, 2016. 石羊河流域中游生态保育政策有效性定量评价 [D]. 兰州: 兰州大学.

[109] 魏伟, 2009. 基于 GIS 和 RS 的石羊河流域景观格局分析及景观格局利用优化研究 [D]. 兰州: 西北师范大学.

[110] 魏伟, 赵军, 王旭峰, 2010. 石羊河流域土地利用组分景观异质性 [J]. 生态学杂志, 29 (4): 760-765.

[111] 刘世增, 孙保平, 李银科, 等, 2010. 石羊河中下游荒漠景观生态变化及调控机制研究 [J]. 中国沙漠, 30 (2): 235-240.

[112] 兰芳芳, 陶雪松, 2014. 甘肃石羊河湿地景观生态特征及生态建设策略 [J]. 湿地科学与管理, 10 (3): 20-23.

[113] 乔蕨强, 刘学录, 程文仕, 等, 2017. 基于 RRM 模型的土地利用变化生态风险评价 [J]. 中国沙漠, 37 (1): 198-204.

[114] 吴志峰, 2001. 珠江三角洲典型区景观生态研究——以珠海为例 [D]. 北京: 中国科学院地理科学与资源研究所.

[115] 井云清, 张飞, 张月, 2016. 基于 CA-Markov 模型的艾比湖湿地自然保护区土地利用/覆被变化及预测 [J]. 应用生态学报, 27 (11): 3649-3658.

[116] 赵冬玲, 杜萌, 杨建宇, 等, 2016. 基于 CA-Markov 模型的土地利用演化模拟预测研究 [J]. 农业机械学报, 47 (3): 278-285.

[117] 陈晶晶, 李天宏, 2017. 基于 PSR 模型和投影寻踪法的荆州市景观生态风险评价 [J]. 北京大学学报 (自然科学版), 53 (4): 731-740.

[118] 邱硕, 王宇欣, 王平智, 等, 2018. 基于 MCR 模型的城镇生态安全格局构建和建设用地开发模式 [J]. 农业工程学报, 34 (17): 257-265.

[119] 佘宇晨，陈彩虹，贺丹，等，2016. 基于 MCR 模型和 Kriging 的海口市景观格局优化分析 [J]. 西北林学院学报，31（3）：233-238.

[120] 岳东霞，杨超，江宝骅，等，2019. 基于 CA-Markov 模型的石羊河流域生态承载力时空格局预测 [J]. 生态学报，39（6）：1993-2003.

[121] 樊辉，2016. 基于全价值的石羊河流域生态补偿研究 [D]. 杨凌：西北农林科技大学.

[122] 赵雪雁，马艳艳，陈欢欢，等，2018. 干旱区内陆河流域农村多维贫困的时空格局及影响因素——以石羊河流域为例 [J]. 经济地理，8（2）：140-147.

[123] 马黎华，2012. 石羊河流域用水结构的数据驱动模拟及缺水风险研究 [D]. 杨凌：西北农林科技大学.

[124] 殷雪梅，2018. 基于改进 DPSIR 模型的石羊河流域生态安全评价 [J]. 水利规划与设计，180（10）：125-127.

[125] 蒋菊芳，魏育国，韩涛，等，2018. 近 30 年石羊河流域生态环境变化及驱动力分析 [J]. 中国农学通报，34（21）：127-132.

[126] 李新攀，2012. 石羊河流域水资源优化配置研究 [D]. 兰州：兰州理工大学.

[127] 赵旭喆，2016. 石羊河流域中游生态保育政策有效性定量评价 [D]. 兰州：兰州大学.

[128] 马绍休，2007. 民勤地区荒漠化研究 [D]. 兰州：中国科学院寒区旱区环境与工程研究所.

[129] 张玉芳，邢大韦，2004. 内陆河流域水资源平衡与生态环境改善 [J]. 水资源研究，（1）：23-27.

[130] 盖艾鸿，2013. 基于 3S 技术的庆阳市土地利用变化及土地生态安全研究 [D]. 甘肃农业大学.

[131] 胡杰华，2012. 基于 TM 影像的武功县土地利用变化监测研究 [D]. 杨凌：西北农林科技大学.

[132] 努尔比娅·乌斯曼，2012. 基于 RS 和 GIS 的开都河流域下游绿洲盐渍地变化及其景观生态效应研究 [D]. 乌鲁木齐：新疆师范大学.

[133] 郑治中，2016. 西安城市景观格局与热环境效应研究 [D]. 西安：西安工程大学.

[134] 黄家政，2014. 淮南矿区采煤沉陷多源遥感动态监测方法研究 [D]. 合肥：合肥工业大学.

[135] 杨轶，2008. 遥感影像处理技术在土地利用资源调查中的应用研究 [D]. 昆明：昆明理工大学.

[136] 向党，2008. CBERS 与 TM 图像土地利用现状解译的比较研究 [D]. 武汉：华中农业大学.

[137] 赵颖辉，2007. 基于 RS/GIS 的土壤含水量估算模型与方法研究 [D]. 武汉：华中科技大学.

[138] 孟岩，赵庚星，王静，2009. 基于遥感图像的垦利县盐碱退化土地信息提取及其演

化规律研究 [J]. 地域研究与开发, 28 (5): 135 - 139.

[139] 李静, 赵庚星, 杨佩国, 2006. 基于知识的垦利县土地利用/覆被遥感信息提取技术研究 [J]. 科学通报, 51 (7): 183 - 188.

[140] 杜灵通, 2006. 基于遥感技术的宁夏南部山区 LUCC 研究 [J]. 地理科学进展, 25 (6): 94 - 101.

[141] 罗开盛, 陶福禄, 2017. 融合面向对象与缨帽变换的湿地覆被类别遥感提取方法 [J]. 农业工程学报, 33 (3): 198 - 203.

[142] 张增祥, 汪潇, 温庆可, 等, 2016. 土地资源遥感应用研究进展 [J]. 遥感学报, 20 (5): 1243 - 1258.

[143] 罗一英, 2013. 面向对象的土地利用/土地覆盖变化研究 [D]. 南昌: 中南大学.

[144] 吴晓东, 杨小虎, 杨康, 2015. TM 影像的遥感分类方法研究 [C] //中国科协年会——分析大数据与城乡治理研讨会.

[145] 文馨, 2015. 基于 Erdas9.2 平台进行遥感影像分类的各种方法与比较 [J]. 无线互联科技, 48 (4): 33 - 35.

[146] 周厚侠, 2016. 黑河中游区域土地利用/土地覆盖变化及环境热效应研究 [D]. 北京: 中国矿业大学 (北京).

[147] 张瑜, 2015. 新疆不同尺度土地利用/覆盖变化与驱动机制研究 [D]. 武汉: 华中农业大学.

[148] 贾毅, 闫利, 余凡, 等, 2016. 石羊河流域土地利用变化与景观格局分析 [J]. 遥感信息, 31 (5): 66 - 73.

[149] 张晓东, 颉耀文, 史建尧, 等, 2008. 石羊河流域土地利用与景观格局变化 [J]. 兰州大学学报 (自然科学版), 44 (5): 26 - 32.

[150] 刘晶, 刘学录, 王哲锋, 2011. 祁连山东段景观格局变化及其驱动因子研究 [J]. 草业学报, 20 (6): 26 - 33.

[151] 路鹏, 苏以荣, 牛铮, 等, 2006. 湖南省桃源县县域景观格局变化及驱动力典型相关分析 [J]. 中国水土保持科学, 4 (5): 71 - 76.

[152] 欧定华, 2016. 城市近郊区景观生态安全格局构建研究 [D]. 雅安: 四川农业大学.

[153] 刘世增, 2009. 微尺度下的荒漠绿洲景观结构数量分析与绿洲稳定性研究——以甘肃景泰县为例 [J]. 中国沙漠, 29 (6): 1148 - 1152.

[154] 宋具兰, 杨靖, 2018. 基于景观生态学的欠发达地区土地利用数量结构与空间特征分析 [J]. 农村经济与科技, 29 (13): 28 - 32.

[155] 刘黎明, 梁发超, 刘诗苑, 2015. 近 30 年厦门城市建设用地景观格局演变过程及驱动机制分析 [J]. 经济地理, 35 (11): 159 - 165.

[156] 周厚侠, 2016. 黑河中游区域土地利用/土地覆盖变化及环境热效应研究 [D]. 北京: 中国矿业大学 (北京).

[157] 张瑜, 2015. 新疆不同尺度土地利用/覆盖变化与驱动机制研究 [D]. 武汉: 华中农业大学.

[158] 白涛，2007. 拜泉县 23 年 LUCC 及其生态环境效应的研究 [D]. 哈尔滨：东北农业大学.

[159] 陈佑启，PeterH. Verburg，徐斌，2000. 中国土地利用变化及其影响的空间建模分析 [J]. 地理科学进展，19（2）：116 - 127.

[160] 黄春晖，2005. 基于 RS 的上海浦东新区土地利用变化及空间特征分析 [D]. 上海：上海师范大学.

[161] 熊宏涛，2012. 近 25 年来武汉城市圈土地利用景观格局变化及驱动力分析 [D]. 武汉：华中师范大学.

[162] 胡乔利，齐永青，胡引翠，等，2011. 京津冀地区土地利用/覆被与景观格局变化及驱动力分析 [J]. 中国生态农业学报，19（5）：1182 - 1189.

[163] 展鹏飞，2007. 基于 3S 的伏牛山自然保护区景观格局变化研究 [D]. 开封：河南大学.

[164] 曹宇，2003. 额济纳天然绿洲景观格局、动态、演化机制及其健康评价 [D]. 北京：中国科学院.

[165] 赵丽红，2016. 南昌市景观格局时空变化及其驱动力研究 [D]. 南昌：江西农业大学.

[166] 孙才志，闫晓露，2014. 基于 GIS-Logistic 耦合模型的下辽河平原景观格局变化驱动机制分析 [J]. 生态学报，34（24）：7280 - 7292.

[167] 钟菲，2010. 农户农地使用权流转意愿与行为研究——以重庆市北碚区静观镇为例 [D]. 重庆：西南大学.

[168] 闫晓露，2014. 下辽河平原景观格局脆弱性与景观变化驱动力研究 [D]. 沈阳：辽宁师范大学.

[169] 李洪，宫兆宁，赵文吉，等，2012. 基于 Logistic 回归模型的北京市水库湿地演变驱动力分析 [J]. 地理学报，67（3）：357 - 367.

[170] 乔蕻强，程文仕，徐波，2016. 河西走廊农地流转中农户的意愿特征及影响因素 [J]. 水土保持研究，23（3）：209 - 213.

[171] 韩超峰，陈促新，2008. LUCC 驱动力模型研究综述 [J]. 中国农学通报，24（4）：365 - 368.

[172] 杨国清，刘耀林，吴志峰，2007. 基于 CA-Markov 模型的土地利用格局变化研究 [J]. 武汉大学学报（信息科学版），32（5）：414 - 418.

[173] Neumann J V, 1966. Theory of self-reproducing automata [D]. University of Illinois.

[174] WolframS, 1984. Universalityand complexity in cellular automata [J]. Physica D: Nonlinear Phenomena, 10 (1): 1 - 35.

[175] 杨俊，解鹏，席建超，等，2015. 基于元胞自动机模型的土地利用变化模拟——以大连经济技术开发区为例 [J]. 地理学报，70（3）：461 - 475.

[176] 柯新利，边馥苓，2009. 地理元胞自动机研究综述 [J]. 湖北科技学院学报，29

（3）：103－106.

[177] 甘洋，2018. RS 与 GIS 支持下的南昌市主城区扩张现状及预测分析研究 [D]. 南昌：东华理工大学.

[178] 杨俊，张永恒，葛全胜，等，2016. 基于 GA-MCE 算法的不规则邻域 CA 土地利用模拟 [J]. 地理研究，35（7）：1288－1300.

[179] 刘东云，2012. 天津湿地景观格局动态变化研究 [D]. 北京：北京林业大学.

[180] 黄勇，2013. 基于 CA-Markov 模型的酉阳县土地利用变化及情景模拟研究 [D]. 重庆：西南大学.

[181] 炊雯，2015. 基于 CA-Markov 模型的长安区土地利用景观格局变化分析与模拟 [D]. 西安：长安大学.

[182] 黎二荣，2014. 移动云计算环境下即时通讯框架的研究与实现 [D]. 北京：中国地质大学（北京）.

[183] 刘瑞卿，2012. 基于 CA-Markov 模型的怀来县土地利用景观格局动态模拟研究 [D]. 保定：河北农业大学.

[184] 韩文文，2018. 基于 CA-Markov 的农林交错区土地利用变化分析及预测 [D]. 哈尔滨：东北农业大学.

[185] 刘磊，2017. 基于 RS 和 GIS 的奉节县城土地利用景观格局演变研究 [D]. 成都：成都理工大学.

[186] 勒明凤，2014. 基于 CA-Markov 模型的香格里拉县城市增长边界设定研究 [D]. 昆明：云南大学.

[187] 唐宽金，2009. 基于景观生态学的土地利用时空格局变化研究 [D]. 济南：山东师范大学.

[188] 王茯泉，2006. 地统计分析在 ArcGIS 和 IDRISI 中实现特点的讨论 [J]. 计算机工程与应用，42（15）：210－215.

[189] 赵冬玲，杜萌，杨建宇，等，2016. 基于 CA-Markov 模型的土地利用演化模拟预测研究 [J]. 农业机械学报，47（3）：278－285.

[190] 崔敬涛，2014. 基于 Logistic-CA-Markov 模型的临沂市土地利用变化模拟预测研究 [D]. 南京：南京大学.

[191] 杨维鸽，2010. 基于 CA-Markov 模型和多层次模型的土地利用变化模拟和影响因素研究 [D]. 西安：西北大学.

[192] 季翔，2014. 城镇化背景下乡村景观格局演变与布局模式 [D]. 北京：中国农业大学.

[193] 杨晶晶，2018. 佛山市植被覆盖动态变化及预测分析 [D]. 北京：中国地质大学（北京）.

[194] 顾巍，管笛，汪珊珊，等，2015. 基于信息熵和 GM 模型的黄畈村土地结构变化分析与预测 [J]. 科技经济市场（1）：168－171.

[195] 赵文武，朱婧，2010. 我国景观格局演变尺度效应研究进展 [C] //. 2010 中国可持

续发展论坛 2010 年专刊.

[196] 葛方龙, 李伟峰, 陈求稳, 2008. 景观格局演变及其生态效应研究进展 [J]. 生态环境, 1 (6): 2511-2519.

[197] Norusis M. SPSS 16.0 Statistical Procedures Companion [M]. Prentice Hall: Paplcdr edition 2008.

[198] 张晓东, 颉耀文, 史建尧, 等, 2008. 石羊河流域土地利用与景观格局变化 [J]. 兰州大学学报 (自然科学版), 44 (5): 19-25.

[199] 唐秀美, 陈百明, 路庆斌, 等, 2010. 城市边缘区土地利用景观格局变化分析 [J]. 中国人口·资源与环境, 20 (8): 159-163.

[200] 张学斌, 石培基, 罗君, 等, 2014. 基于景观格局的干旱内陆河流域生态风险分析——以石羊河流域为例 [J]. 自然资源学报, 29 (3): 410-419.

[201] 邹秀萍, 2005. 怒江流域土地利用/覆被变化及其景观生态效应分析 [J]. 水土保持学报, 19 (5): 147-151.

[202] 付刚, 肖能文, 乔梦萍, 等, 2017. 北京市近二十年景观破碎化格局的时空变化 [J]. 生态学报, 37 (8): 2551-2562.

[203] 赵锐锋, 姜朋辉, 赵海莉, 等, 2013. 黑河中游湿地景观破碎化过程及其驱动力分析 [J]. 生态学报, 33 (14): 4436-4449.

[204] 王晓晶, 2008. 基于 "3S" 技术的北京地区植被覆盖空间格局分析 [D]. 北京: 北京林业大学.

[205] 刘家福, 王平, 李京, 等, 2009. 土地利用格局景观指数算法与应用 [J]. 地理与地理信息科学, 25 (1): 107-109.

[206] 李栋科, 丁圣彦, 梁国付, 等, 2014. 基于移动窗口法的豫西山地丘陵地区景观异质性分析 [J]. 生态学报, 34 (12): 3414-3424.

[207] 张玉虎, 2008. 流域典型区土地利用/覆被变化与生态安全格局构建分析 [D]. 乌鲁木齐: 新疆大学.

[208] 包宇, 2017. 深圳市景观指数的粒度效应分析及指数时空动态研究 [D]. 武汉: 武汉大学.

[209] 宗秀影, 刘高焕, 乔玉良, 等, 2009. 黄河三角洲湿地景观格局动态变化分析 [J]. 地球信息科学学报, 11 (1): 91-97.

[210] 刘轩, 2016. 充填复垦区土地利用景观格局动态变化研究 [D]. 焦作: 河南理工大学.

[211] 王军, 邱扬, 杨磊, 等, 2007. 基于 GIS 的土地整理景观效应分析 [J]. 地理研究, 26 (2): 258-266.

[212] 陈鹏, 潘晓玲, 2003. 干旱区内陆流域区域景观生态风险分析 [J]. 生态学杂志, 22 (4): 116-120.

[213] 张伟伟, 2017. 三峡库区湿地景观格局演变与驱动机制研究 [D]. 重庆: 重庆师范大学.

[214] 吴志峰, 2001. 珠江三角洲典型区景观生态研究——以珠海为例 [D]. 北京: 中国科学院地理科学与资源研究所.

[215] 乔蕻强, 程文仕, 2016. 基于熵权物元模型的土地生态安全评价 [J]. 土壤通报, 47 (2): 302-307.

[216] 乔蕻强, 程文仕, 程东林, 等, 2017. 基于 DPSIR 模型的土地整治规划环境影响评价 [J]. 水土保持通报, 37 (2): 308-312.

[217] 乔蕻强, 2017. 兰州市城市化与生态系统服务价值的耦合关系定量研究 [J]. 水土保持通报, 37 (4): 333-337, 344.

[218] 李栋科, 丁圣彦, 梁国付, 等, 2014. 基于移动窗口法的豫西山地丘陵地区景观异质性分析 [J]. 生态学报, 34 (12): 3414-3424.

[219] 张玉虎, 2008. 流域典型区土地利用/覆被变化与生态安全格局构建分析 [D]. 乌鲁木齐: 新疆大学.

[220] 张伟伟, 2017. 三峡库区湿地景观格局演变与驱动机制研究 [D]. 重庆: 重庆师范大学.

[221] 左伟, 陈洪铃, 李硕, 等, 2003. 基于 GIS 的小流域单元景观结构指数信息提取方法——以重庆市忠县为例 [J]. 测绘通报, 11 (49): 494-911.

[222] 乔蕻强, 陈英, 2015. 基于 PSR 模型的干旱绿洲灌区耕地集约利用评价 [J]. 干旱地区农业研究, 33 (1): 238-244.

[223] 李茂娇, 2016. 基于多时相遥感数据的茂县景观生态安全评价 [D]. 绵阳: 西南科技大学.

[224] 李健飞, 2017. 珠海市景观生态安全综合评价 [D]. 北京: 中央民族大学.

[225] 魏伟, 雷莉, 周俊菊, 等, 2015. 基于 GIS 和 PSR 模型的石羊河流域生态安全评估 [J]. 土壤通报, 46 (4): 124-130.

[226] 魏伟, 石培基, 周俊菊, 等, 2015. 基于 GIS 和组合赋权法的石羊河流域生态环境质量评价 [J]. 干旱区资源与环境, 29 (1): 175-180.

[227] 高宝嘉, 张执中, 李镇宇, 1993. 植物群落对昆虫群落及种群生态效应的数学分析 [J]. 生态学报, 13 (2): 130-134.

[228] 康欢欢, 2013. 榆林地区景观破碎化时空动态分析 [D]. 西安: 长安大学.

[229] 赵小敏, 林建平, 2009. 鄱阳湖地区土地利用变化及生态环境效应研究 [C]. 中国生态学学会全国会员代表大会暨学术年会.

[230] 周强, 2006. 潍河下游滨海平原土地利用/覆被变化及其景观生态效应 [D]. 济南: 山东师范大学.

[231] Nicoll T, Brierley G, 余国安, 2013. 黄河源区地貌景观多样性概述 (英文) [J]. Journal of Geographical Sciences, 23 (5): 793-816.

[232] 罗光杰, 李阳兵, 王世杰, 等, 2010. 岩溶山区景观多样性变化的生态学意义对比——以贵州四个典型地区为例 [J]. 生态学报, 31 (14): 3882-3889.

[233] 潘韬, 吴绍洪, 戴尔阜, 等, 2010. 纵向岭谷区植被景观多样性的空间格局 [J].

应用生态学报，21（12）：3091－3098.

[234] 王晓曦，熊伟，2010. 基于改进灰色预测模型的动态顾客需求分析 [J]. 系统工程理论与实践，30（8）：1380－1388.

[235] 王璐，沙秀艳，薛颖，2016. 改进的 GM（1，1）灰色预测模型及其应用 [J]. 统计与决策，（10）：74－77.

[236] 秦双双，2018. 基于 GM（1，1）模型数据改进的大跨度刚构拱桥施工监控研究 [D]. 烟台：烟台大学.

[237] 张永水，2000. 大跨度预应力砼连续梁桥施工误差调整的 kalman 滤波法 [J]. 重庆交通学院学报，19（3）：12－15.

[238] 肖新平，2002. 灰色系统模型方法的研究 [D]. 武汉：华中科技大学.

[239] Mingzhi Mao, E. C. Chirwa, 2006. Application of grey model GM（1，1）to vehicle fatality risk estimation [J]. Forecast. Soc. Change（73）：588－605.

[240] L. C. Hsu, 2001. Applying the grey prediction model to the global integrated circuit industry [J]. Technol. Forecast. Soc. Change（67）：291－302.

[241] 胡焕香，张敏，刘立武，等，2014. 基于 GM（1，1）模型的五指山市林地景观动态模拟 [J]. 中南林业科技大学学报，34（11）：101－107.

[242] 任玉杰，2012. 数值分析及其 MATLAB 实现 [M]. 北京：中国统计出版社.

[243] 李任静，2016. 基于 DPSIR 模型的兰州市土地生态安全研究 [D]. 兰州：甘肃农业大学.

[244] 魏衍英，2014. 扬州市土地生态安全评价及趋势预测研究 [D]. 南京：南京农业大学.

[245] 赵翠昭，2016. 基于 LUCC 与 MCR 模型的景观生态安全格局构建及评价研究 [D]. 武汉：湖北大学.

[246] 郭逸凡，2014. 南京江宁经济技术开发区景观生态安全评价研究 [D]. 南京：南京农业大学.

[247] 李晶，蒙吉军，毛熙彦，2013. 基于最小累积阻力模型的农牧交错带土地利用生态安全格局构建——以鄂尔多斯市准格尔旗为例 [J]. 北京大学学报（自然科学版），49（4）：707－715.

[248] 魏伟，颉耀文，魏晓旭，等，2017. 基于 CLUE-S 模型和生态安全格局的石羊河流域土地利用优化配置 [J]. 武汉大学学报（信息科学版），42（9）：1306－1315.

[249] 李颖丽，2017. 基于 MCR 模型的县域生态用地识别及安全格局构建 [D]. 重庆：西南大学.

[250] 朱敏，谢跟踪，邱彭华，2018. 海口市生态用地变化与安全格局构建 [J]. 生态学报，38（9）：293－302.

[251] 李国煜，林丽群，伍世代，等，2018. 生态源地识别与生态安全格局构建研究——以福建省福清市为例 [J]. 地域研究与开发，181（3）：122－127.

[252] 彭建，李慧蕾，刘焱序，等，2018. 雄安新区生态安全格局识别与优化策略 [J].

地理学报，73（4）：701-710.

[253] 杨志广，蒋志云，郭程轩，等，2018. 基于形态空间格局分析和最小累积阻力模型的广州市生态网络构建 [J]. 应用生态学报，29（10）：3367-3376.

[254] 游巍斌，何东进，洪伟，等，2014. 基于景观安全格局的武夷山风景名胜区旅游干扰敏感区判识与保护 [J]. 山地学报，32（2）：195-204.

[255] 俞孔坚，王思思，李迪华，等，2009. 北京市生态安全格局及城市增长预景 [J]. 生态学报，29（3）：1189-1204.

[256] 吴健生，张理卿，彭建，等，2013. 深圳市景观生态安全格局源地综合识别 [J]. 生态学报，33（13）：4125-4133.

[257] 张利，张乐，王观湧，等，2014. 基于景观安全格局的曹妃甸新区生态基础设施构建研究 [J]. 土壤，46（3）：555-561.

[258] 蒙吉军，王晓东，尤南山，等，2016. 黑河中游生态用地景观连接性动态变化及距离阈值 [J]. 应用生态学报，27（6）：1715-1726.

[259] 孙晓娟，2007. 三峡库区森林生态系统健康评价与景观安全格局分析 [D]. 北京：中国林业科学研究院林业研究所.

[260] 叶玉瑶，苏泳娴，张虹鸥，等，2014. 生态阻力面模型构建及其在城市扩展模拟中的应用 [J]. 地理学报，69（4）：485-496.

[261] 王让虎，李晓燕，张树文，等，2014. 东北农牧交错带景观生态安全格局构建及预警研究——以吉林省通榆县为例 [J]. 地理与地理信息科学，30（2）：111-115.

[262] 侯明行，刘红玉，张华兵，等，2013. 地形因子对盐城滨海湿地景观分布与演变的影响 [J]. 生态学报，33（12）：3765-3773.

[263] 乔蕻强，刘秀华，2012. 农村居民点整理现实潜力测算及分区 [J]. 水土保持研究，19（2）：222-225.

[264] 姜磊，岳德鹏，曹睿，等，2012. 北京市朝阳区景观连接度距离阈值研究 [J]. 林业调查规划，37（2）：18-22.

[265] 刘轩，2016. 充填复垦区土地利用景观格局动态变化研究 [D]. 焦作：河南理工大学.

[266] 尤瑞玲，2007.GIS 支持的土地利用/覆被变化及其景观格局研究 [D]. 武汉：华中师范大学.

[267] 杨淑华，2005. 黄河三角洲土地利用/覆被变化及其景观生态效应研究 [D]. 济南：山东师范大学.

[268] 周强，2006. 潍河下游滨海平原土地利用/覆被变化及其景观生态效应 [D]. 济南：山东师范大学.

[269] 张学斌，石培基，罗君，等，2014. 基于景观格局的干旱内陆河流域生态风险分析——以石羊河流域为例 [J]. 自然资源学报，29（3）：410-419.

[270] 魏伟，石培基，雷莉，等，2014. 基于景观结构和空间统计方法的绿洲区生态风险分析——以石羊河武威、民勤绿洲为例 [J]. 自然资源学报，29（12）：2023-2035.

[271] 周俊菊，张恒玮，张利利，等，2017.综合治理前后民勤绿洲景观格局时空演变特征 [J]. 干旱区研究，34（1）：79‐87.

[272] 欧定华，夏建国，欧晓芳，2017.基于 GIS 和 RBF 的城郊区生态安全评价及变化趋势预测——以成都市龙泉驿区为例 [J]. 地理与地理信息科学，33（1）：49‐58.

[273] 于潇，2017.三江平原典型农场土地整理的景观生态安全与可持续性评价 [D]. 北京：中国地质大学.

[274] 肖轶，2017.黔南布依族苗族自治州土地利用时空演变及景观生态安全格局分析 [D]. 北京：中央民族大学.